大数据丛书

采用 R 和 JavaScript 的数据可视化

【美】汤姆·巴克（Tom Barker） 著
刘小虎 邢 静 程国建 译

机械工业出版社

本书使得日益流行的 R 语言变得平易近人，并促成数据采集和分析理念变为现实。本书介绍如何使用 R 来查询和分析数据，使用 D3 JavaScript 函数库以优雅、富有信息和交互的方式来格式化并显示数据。您将学会如何有效地收集数据、如何理解每种类型图表的方式理念及其实现，并能直观地呈现结果。

本书可作为高校计算机类本科相关课程的教学参考书，也可作为人工智能、机器学习、数据科学等应用系统开发者的参考资料。

致 谢

我要感谢 Ben Renow-Clarke 考虑我承担这个大的项目。我要感谢 Matthew Moodie 和 Christine Rickets 以及 Apress 团队其他成员的指导和帮助。我要感谢 Matt Canning，他帮助我以新的眼光看待程序代码并让我保持诚实。

我要感谢我所在的 Comcast 团队：你们每个人都很棒。这个团队让我变得更好。我要感谢我美丽的妻子 Lynn 和我们漂亮的孩子 Lukas 和 Paloma，他们对我的写作过程给予了耐心和理解。

译 者 序

数据可视化是指采用较为高级的技术方法，利用图形、图像处理、计算机视觉以及用户界面，通过表达、建模以及对立体、表面、属性以及动画的显示，对数据加以可视化解释。数据可视化与信息表征、信息可视化、科学可视化以及统计图形密切相关。在研究、教学和开发领域，数据可视化是一个极为活跃且非常关键的研究领域。特别是在大数据领域，数据可视化工具和技术对于分析大量信息和制定数据驱动决策至关重要。

数据可视化的相关领域包括：数据采集（对现实世界进行采样，以便产生可供计算机处理的数据的过程）、数据分析（为了提取有用信息和形成结论而对数据加以详细研究和概括总结的过程）、数据治理（为特定组织机构的数据创建协调一致的企业级视图所需的人员、过程和技术）、数据管理（所有与管理作为有价值资源的数据相关的学科领域）以及数据挖掘（对大量数据加以分类整理并挑选出相关信息的过程）。

随着"大数据时代"进入商业化阶段，可视化越来越成为了解数据的关键工具。数据可视化有助于通过将数据整理成易于理解的形式来讲述故事，突出显示趋势、模式和异常值。良好的可视化可以清晰呈现数据背后的故事，消除数据中的噪声并突出显示有用的信息。数据和视觉效果需要协同工作，才可将细致的分析与精彩的故事情节结合起来，所以数据可视化也可以说是一门艺术。

本书涵盖 R 语言的基本概念与编程方法、基于 R 与 JavaScript 实现的空间与时序数据可视化实现、讲解条形图与散点图的实现技巧、追求速度和质量平衡的可视化技术等。通过本书您将学会如何使用 R 来查询和分析数据，然后使用 D3 JavaScript 以信息聚集和交互的方式来格式化并显示数据。您将学会如何有效地收集数据、如何理解每种类型图表的方式理念及其实现方法，并直观地呈现出数据背后的洞察效果。

本书的出版得益于机械工业出版社的大力支持与帮助，在此深表谢意。同时也感谢译者们及其研究生的协同努力。

本书的翻译出版得到西安培华学院学术基金的支持，在此表示感谢。

译　者

目 录

致谢
译者序
第1章 背景 ·· 1
  什么是数据可视化？ ···························· 2
    时间序列表 ·································· 2
    条形图 ·· 3
    直方图 ·· 4
    数据映射 ····································· 4
    散点图 ·· 5
    历史 ·· 6
    模型风景画 ·································· 8
  为什么要数据可视化？ ······················· 10
  工具 ·· 11
    语言、环境和库 ··························· 11
    分析工具 ···································· 12
  过程概述 ·· 14
    确认问题 ···································· 14
    搜集数据 ···································· 14
    数据清洗 ···································· 17
    数据分析 ···································· 17
    数据可视化 ································· 21
  数据可视化技术伦理 ·························· 22
    引用资源 ···································· 23
    注意视觉线索 ······························ 23
  总结 ·· 24
第2章 初学R语言 ····························· 25
  了解R控制台 ································ 25
    命令行 ······································· 27
    命令历史 ···································· 27
    访问文件 ···································· 28
    程序包 ······································· 28
  导入数据 ·· 31
    使用标题 ···································· 32

  指定字符串分隔符 ······························ 32
  指定行标识符 ···································· 33
  使用定制化的列名 ······························ 33
  数据结构和数据类型 ··························· 34
    数据帧 ·· 35
    矩阵 ··· 37
    添加列表 ···································· 39
    遍历列表 ···································· 40
    应用函数列表 ······························ 41
    函数 ··· 43
  总结 ·· 44
第3章 深入了解R语言 ······················ 45
  R中的面向对象程序设计 ···················· 45
    S3 类 ··· 46
    S4 类 ··· 49
  在R中用描述性指标做统计分析 ········· 51
    中位数和平均值 ··························· 53
    四分位 ······································· 54
    标准偏差 ···································· 55
  RStudio IDE ···································· 56
    R Markdown ······························· 57
    RPubs ·· 60
  总结 ·· 62
第4章 用D3进行数据
      可视化 ···································· 63
  基本概念 ·· 63
    HTML ·· 63
    CSS ··· 65
    SVG ·· 66
    JavaScript ·································· 68
  D3的历史 ······································· 69
  使用D3 ·· 69
    创建一个项目 ······························ 70

使用 D3	70
绑定数据	72
创建一个条形图	75
导入外部数据	82
总结	84

第 5 章 源自访问日志的空间数据可视化 … 86

什么是数据地图？	86
访问日志	88
解析访问日志	89
读入访问日志	90
分析日志文件	91
通过 IP 定位	93
输出字段	97
添加控制逻辑	98
用 R 创建数据图	100
映射地理数据	101
添加纬度和经度	104
展示地区数据	106
分散式的可视化	108
总结	111

第 6 章 随时间变化的数据可视化 … 112

搜集数据	112
使用 R 语言进行数据分析	113
计算错误的数量	114
检查错误的严重性	117
用 D3 添加交互性	120
读数据	121
在页面上绘图	122
增加交互性	128
总结	134

第 7 章 条形图 … 135

标准条形图	136
堆叠条形图	137
分组条形图	138
可视化和分析产品事件	139
使用 R 在条形图中绘制数据	142

结果排序	143
创建一个堆积条形图	144
D3 中的条形图	146
创建一个垂直条形图	146
创建一个堆积条形图	151
创建层叠可视化	155
总结	160

第 8 章 用散点图进行相关性分析 … 161

发现数据之间的联系	161
敏捷开发的概念入门	164
相关性分析	165
创建散点图	165
创建气泡图	166
可视化漏洞	167
可视化产品事件	170
在 D3 中的交互散点图	172
添加基本的 HTML 和 JavaScript	173
导入数据	174
添加交互性功能	174
添加表单字段	177
检索表单数据	177
使用可视化	178
总结	182

第 9 章 用平行坐标系可视化交付和质量的平衡 … 183

什么是平行坐标图？	183
平行坐标图的历史	185
寻求平衡	187
创建平行坐标图表	188
加入努力过程	189
使用 D3 格式化平行坐标图	191
创建基本的结构	191
为每列创建 y 轴	193
绘制线	193
褪去线	194
创建轴	195
总结	199

第1章 背景

在互联网发展领域中出现了一个新概念：使用数据可视化作为交流工具。这个概念某种程度上已经在其他领域和部门很好地确立。在公司中，财务部门可能使用数据可视化来表示内部和外部的财务信息；仅仅看看季度收益报告，几乎所有上市公司都是这样做的。这些报告中充满大量图表来显示季度收入、年度收益或者其他历史金融数据，所有这些简单且易于理解的图表设计都是为了展示大量的数据点和潜在的大量数据点。

将 Google 2007 年 Q4 季度收益的条形图（见图 1-1）和表格形式的子集数据（见图 1-2）做比较。

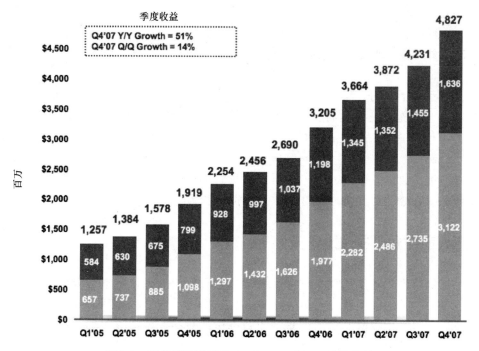

图 1-1　用条形图展示的 Google 2007 年 Q4 季度收益

相比而言，条形图更容易读懂。通过观察条形图的形状可以清楚地看到收益在上升，并且每个季度都在稳步上升。通过颜色标注，可以看到收入的来源；通过注释可以看到，这些颜色标注所代表的精确数字和其每年所占的百分比。

采用 R 和 JavaScript 的数据可视化

	Class A and Class B Common Stock		Additional Paid-In Capital Amount	Deferred Stock Based Compensation	Accumulated Other Comprehensive Income	Retained Earnings	Total Stockholders' Equity
	Shares	Amount					
Balance at January 1, 2005	266,917	$ 267	2,582,352	$ (249,470)	$ —	$ 5,436	$ 590,471	$ 2,929,056
Issuance of common stock in connection with follow-on public offering and acquisitions, net	14,869	15	4,316,022	(2,036)	—	—	4,314,001
Stock-based award activity	11,241	11	579,418	132,491	—	—	711,920
Comprehensive income:							
Change in unrealized gain (loss) on available-for-sale investments, net of tax effect of $11,404	—	—	—	—	16,580	—	16,580
Foreign currency translation adjustment	—	—	—	—	(17,997)	—	(17,997)
Net income	—	—	—	—	—	1,465,397	1,465,397
Total comprehensive income							1,463,980
Balance at December 31, 2005	293,027	293	7,477,792	(119,015)	4,019	2,055,868	9,418,957
Issuance of common stock in connection with follow-on public offering and acquisitions, net	7,689	8	3,236,778	—	—	—	3,236,786
Stock-based award activity	8,281	8	1,168,336	119,015	—	—	1,287,359
Comprehensive income:							
Change in unrealized gain (loss) on available-for-sale investments, net of tax effect of $13,280	—	—	—	—	(19,309)	—	(19,309)
Foreign currency translation adjustment	—	—	—	—	38,601	—	38,601
Net income	—	—	—	—	—	3,077,446	3,077,446
Total comprehensive income							3,096,738
Balance at December 31, 2006	308,997	309	11,882,906	—	23,311	5,133,314	17,039,840
Stock-based award activity	3,920	4	1,358,315	—	—	—	1,358,319
Comprehensive income:							
Change in unrealized gain (loss) on available-for-sale investments, net of tax effect of $19,963	—	—	—	—	29,029	—	29,029
Foreign currency translation adjustment	—	—	—	—	61,033	—	61,033
Net income	—	—	—	—	—	4,203,720	4,203,720
Total comprehensive income							4,293,782
Adjustment to retained earnings upon adoption of FIN 48	—	—	—	—	—	(2,262)	(2,262)
Balance at December 31, 2007	312,917	$ 313	$ 13,241,221	$ —	$ 113,373	$ 9,334,772	$ 22,689,679

图 1-2　以表形式展示的相似收益数据

使用表格数据必须看左侧的标签，根据这些标签将右侧数据进行排序，再做分类和对比，然后才能得出结论。使用表格数据获取信息，需要做大量的前期工作，否则很有可能读者并不理解这些数据（因而对数据产生错误的理解）或者完全误解。

不仅财务部门使用可视化来传达大量的数据，有时业务部门也使用图表来发布服务时段，或者客户部门使用图表显示呼叫量。不管是哪种情况，在工程类和 Web 开发中广泛使用可视化已是大势所趋。

对于某个部门、集团和行业，有大量重要的相关数据需要第一时间搞清楚，这样才能改进和提高我们所做的事情；同样也需要将这些数据与利益相关者进行沟通，来表明我们的成功或者验证资源的需求，或者制定下一年的战术线路。

在进行数据可视化之前，必须了解我们正在做什么，需要了解数据可视化是什么、它的历史、何时使用以及在技术和伦理上如何使用。

什么是数据可视化？

数据可视化是什么呢？数据可视化是对经验信息进行收集、分析并图表化表示的一种艺术和实践。有时它被称为信息图形，或者只是叫表或图。不管怎么称呼，可视化数据的目标就是说出数据里的故事。说出故事的前提是在更深层次上理解数据，并通过比较数字里的数据点获得更深入的见解。

下文介绍数据可视化的一些语法和图表形式的模式等概念。本书中每一个重要的图表类型都用一章来介绍。

时间序列表

时间序列表显示数据随时间的变化。如图 1-3 所示的时间序列表，表示的是

Google Trends 中关键词"数据可视化"受欢迎的权重（http：//www.google.com/trends）。

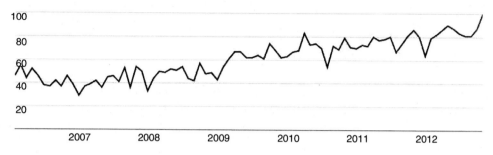

图 1-3　Google Trends 中关键词"数据可视化"的权重趋势时间序列图

注意：垂直的 y 轴表示数字的顺序，从 20 增加到 100。这些数字代表搜索值的权重，其中 100 是测试的峰值搜索值。水平的 x 轴，从 2007 年到 2012 年。这个图表中的曲线代表两个坐标轴所给出每一个数据的搜索值。

在这个小样本范围内，我们可以看到搜索值从 2007 年开始的 29 增长到 2012 年的上限 100，这个术语的受欢迎度已经超过了 3 倍。

条形图

条形图展示出数据点之间的对比。如图 1-4 所示的条形图，显示了不同国家对关键词"数据可视化"的搜索值，这个数据也来源于 Google Trends。

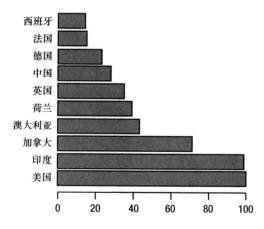

图 1-4　按关键字"数据可视化"搜索并按区域展现的 Google 趋势图

y 轴表示的是国家的名字，x 轴表示的是标准的搜索值，范围为 0～100。需要注意的是，图中没有给出时间的标准。那么这个表格所表示的到底是 1 天，1

个月,还是 1 年?

同时需要注意,背景中没有给出度量单位是什么。强调这一点不是要去确定它们,而是表明这种特殊图表类型的局限和陷阱。我们必须清楚读者并不具有和我们一样的经验和背景,所以必须努力使可视化中的故事尽可能清楚地显现出来。

直方图

直方图是条形图的一种,经常用来展示数据的分布或在数据中各组信息出现的次数。如图 1-5 所示的直方图是从 1980 年到 2012 年纽约时报每年发表的与数据可视化学科相关的文章的数量。从图表中可以看到从 2009 年起这个学科发表文章的频率一直在上升。

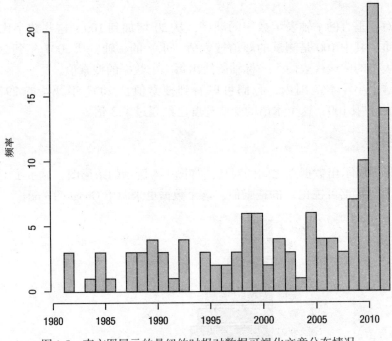

图 1-5　直方图展示的是纽约时报对数据可视化文章分布情况

数据映射

数据映射通常用于展示信息在空间区域中的分布。如图 1-6 所示,数据映射用来表示美国除阿拉斯加州之外其他各州对术语"数据可视化"搜索的兴趣度。

本例中,用深色标注的州表明这个州对搜索的这个术语有较高的关注度,(这个数据也来自 Google Trends,这个兴趣度用在 Google 中搜索"数据可视化"术语的频繁度来体现)。

4

第1章 背 景

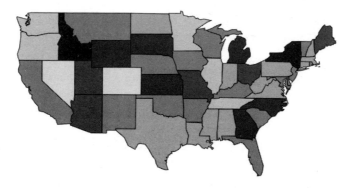

图1-6　美国各州对"数据可视化"关注度的数据地图（数据来源 Google Trends）

散点图

和条形图一样，散点图经常用于对比数据，但有时是专门用来强调数据的相关性，或者表明在某种程度下这些数据在哪里可能是独立的，或者是相关的。图1-7

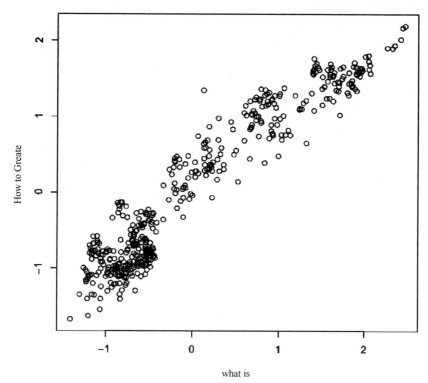

图1-7　散点图展现了术语"Data Visualization""How to Create"
　　　 及其"What is"搜索量之间的关联性

5

使用来自 Google Correlate 的数据（http：//www.google.com/trends/correlate），观察关键字"什么是数据可视化"和关键字"如何制作数据可视化"的搜索值的关系。

这张图表明这些数据具有相关性，这也意味着其中一个术语兴趣度的增加会使另一个也增加。所以这张图表明越多的人了解数据可视化，则会有越多的人想要学习如何制作数据可视化。

关于相关，有很重要的一点需要记住：相关并不表示直接的原因—相关性不是因果关系。

历史

谈到数据可视化的历史，现代的数据可视化的概念最早是由 William Playfair 提出的。William Playfair 是一名工程师、会计师和银行家，经历了文艺复兴时期，他一手创造了时间序列图、条形图和气泡图。Playfair 的图表发表于 18 世纪末和 19 世纪初。他非常清楚他的发明是这类图形的首创，至少也是交流统计信息领域的第一个，所以他在书中花了大量的篇幅来描述如何在思想上取得进步，要明白就像金钱这样的物理事物中所蕴藏的条形图和折线图。

Playfair 因为他的两本书而被公众所熟知：一本是《商业和政治图册》，一本是《统计摘要》。《商业和政治图册》出版于 1786 年，这本书关注的是从国家债务到贸易金额，甚至包括军费支出等其他方面的经济数据。这本书的特色是第一次给出时间序列图和条形图。

《统计摘要》这本书关注的是关于当时欧洲主要国家的资源统计信息，并引入气泡图。

Playfair 使用这些图表还有一些政治目的，或许这些目的是存在争议的，如评论工人阶级消费能力的下降，甚至论证英国对进出口数据有利的平衡，但是，他最深远的目的是用易于接受的、广泛理解的图形传达复杂的统计信息。

声明：这两本书最近得以印刷，这要感谢 Howard Wainer 和 Ian Spence 以及剑桥大学出版社。

与 Playfair 同时代的 John Snow 博士制作了一张本书作者非常喜欢的图表：霍乱地图。这张霍乱地图包含了一个信息图形应具有的一切特点：简单易读，富含信息，更重要的是能解决实际问题。

这张霍乱地图是一个数据图，标出了 1854 年伦敦霍乱暴发时所有确诊案例的地点（见图 1-8）。图中的阴影区域记录了霍乱的致死数，阴影中的圆圈是水井。通过仔细地检查发现，死亡记录似乎是沿着 Broad 街道的水井辐射出去的。Snow 博士将 Broad 街道的水井封住，霍乱才停止暴发。

第1章 背　景

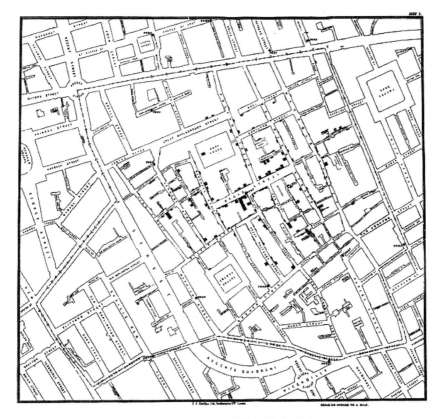

图 1-8　John Snow 制作的霍乱地图

多么完美、精确、有逻辑！

另一个历史上很有意义的信息图是中东军队死亡原因的图表，这是由 Florence Nightingale 和 William Farr 共同完成的。这张表如图 1-9 所示。

Nightingale 和 Farr 在 1856 年制作了这张图表，用来表明可控死亡的相对数量，进一步改善军队设施的卫生条件。注意，Nightingale 和 Farr 可视化的是一个固定形状的饼图。饼图通常用一个圆来代表所有给出的数据集合，而圆的每一块代表其所占整体的百分比。饼图的有用性有时会有争论，因为饼图相较于用长度决定的条形图或用直线定位的笛卡尔坐标而言很难认清角度值之间的不同。Nightlife 避免了这种缺陷，用楔子的角度来代表值，同时还变更了相关块的长度，这就避免了内含圆的限制，并且还表示了相关值。

以上所有的例子都是他们尽力去解决的特定目标或问题。

注意：更加丰富综合的历史超出了本书的范围，但是如果您喜欢思考，有敏锐的分析和探索，强烈推荐读 Edward Tufte 的《The Visual Display of Quantitative Information》。

采用 R 和 JavaScript 的数据可视化

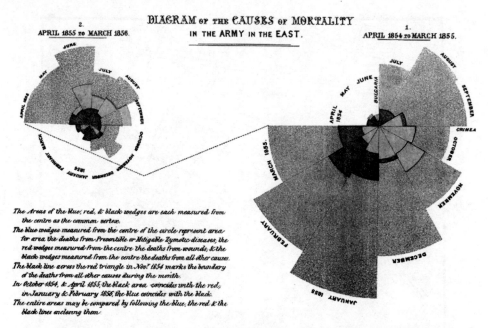

图 1-9　Florence Nightingale 和 William Farr 制作的中东军队死亡原因图表

模型风景画

数据可视化正处于现代复兴之中，是因为用于存储日志的廉价存储空间大量增加，以及有了免费和开源的工具用于分析和记录这些日志信息。

从消费和欣赏的角度来看，有一些网站专注于学习和探讨这些信息图形。这就出现了一些如 FlowingData 的网站，收集和讨论来自周围网站和天文事件大事记的数据，并用国会的议员席来模拟可视化。

Flow About 主页的使命声明（http：//flowingdata.com/about）是："FlowingData 探索如何用数据设计、统计和计算科学从而使我们能更好地理解——主要通过数据可视化"。

也有更加专业的网站如 quantifiedself.com，它主要是收集和可视化关于自身的信息。还有些关于数据可视化的漫画，最好的一个是由 Randall Munroe 制作的 xkcd.com。到目前为止，最著名和局部可视化的一个例子是 Randall 创造的辐射剂量图。如图 1-10 所示辐射剂量图（它在高分辨率下是有效的：http：//xkcd.com/radiation/）。

该图是针对 2011 年福岛第一核电站灾难而做的，它通过展示来自于他人或香蕉诸如此类辐射源的辐射量的规模差异，直至增加到致命剂量的辐射情形，旨在清除这场灾难造成的比较错误信息及错误解读——根据切尔贝诺利事故附

第1章 背　　景

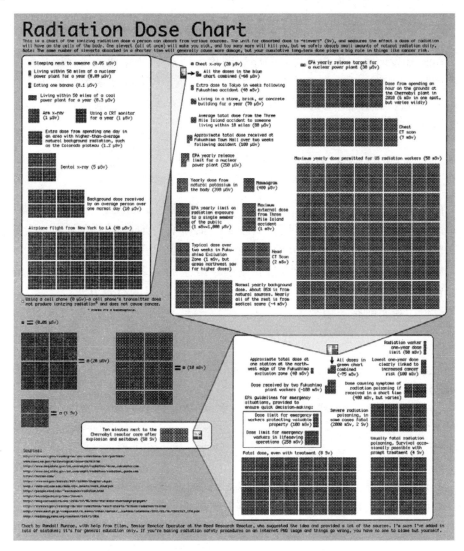

图 1-10　Randall Munroe 制作的辐射剂量图。图中将一个图标分成一些独立的块，将这些块用可视化来表示所代表的范围，这样可以展示一个全新的背景和信息的缩影。按区块比例展现了暴发范围，显示出一个全新的上下文信息关联缩影。此模式一次次重复，展示出令人难以置信的信息深度

近发送的长达 10min 的辐射量作为参考。

　　在这个世纪的最后一个四分之一结束时，耶鲁大学退休教授 Edward Tufte 一直在研究提高信息图像学中的条形图。他出版了一本开创性的书，列举数据可视化的历史，开始于分类、追踪其起源，甚至超过了 Playfair。在他的原则中有一个观点是将每一个图表中的信息数量最大化，包括增加图表中数据点或变量

的数量，消除使用杜撰的"图表垃圾"。"图表垃圾"，对 Tufte 来说，是指包含在图表中没用的信息，比如装饰物或拥挤部分以及一些华丽的箭头。

Tufte 还发明了迷你图，将时间序列图移去所有的坐标轴，只保留趋势线来展示数据点的历史变化，而不关注确切的背景。迷你图打算变得足够小来放置线和文字体，与周围字符的大小相似，并且无论有无文本背景，它都可以展现当前的或历史的趋势。

为什么要数据可视化？

在 William Playfair 的《商业和政治图册》介绍到，他做了一个合理的思考，正如代数学是对算法的简短速记，图表是"简单有效地从一个人到另一个人传递信息的模式"。大约 300 年以后，这个原则一直都适用。

数据可视化是一个通用的方法，来展示复杂的和多样的信息数据，例如我们看到的季度收益报告的例子。这就是用数据告诉故事的有效方法。

设想在您面前有阿帕奇日志，里面有上千行，如下所示：

127.0.0.1 - - [10/Dec/2012:10:39:11 +0300] "GET / HTTP/1.1" 200 468 " - " " Mozilla/5.0 (X11; U;

Linux i686; en - US; rv:1.8.1.3) Gecko/20061201 Firefox/2.0.0.3 (Ubuntu - feisty)"

127.0.0.1 - - [10/Dec/2012:10:39:11 +0300] "GET /favicon.ico HTTP/1.1" 200 766 " - " "Mozilla/5.0

(X11; U; Linux i686; en - US; rv:1.8.1.3) Gecko/20061201 Firefox/2.0.0.3 (Ubuntu - feisty)"

除其他事项外，我们可看到 IP 地址、数据、请求资源和客户端用户代理。现在假设重复上千次——如此多的次数会使您的眼睛有些呆滞，因为每一条线都很类似，以至于很难去识别每一条线的终点，更不用说其中存在着的商业趋势。

通过使用一些分析和可视化工具如 R，或者商业产品如 Splunk，我们可以巧妙地从日志中提取出各种有意义和有趣的故事，包括：HTTP 错误发生的确切频率、针对哪种资源、我们最常使用的 URL、用户基于的是什么物理分配。

这只是我们的 Apache 访问日志。假设在更大的网络上发布信息、漏洞和生产事件。我们做了什么，就能获得所做事情的深刻见解：从速率是怎样影响缺陷密度，到 bug 如何分布在特征集上。还有什么比普遍且易接收的媒介（如可视化）更好的方式去交流这些发现和说出这些故事？

这本书的核心就是去探索，作为一个开发者如何利用这些实践和媒介不断提高——包括鉴定和量化我们的成功和机会，更有效地交流学术和取得进步。

工具

现在有许多优秀的工具、环境和库，我们可以用它们分析和可视化数据。接下来分两部分进行介绍。

语言、环境和库

与 Web 开发者最相关的工具就是 Splunk、R 和 D3 JavaScript 库。如图 1-11 是对这 3 个工具随时间的变化的兴趣度的对比（来源于 Google Trends）。

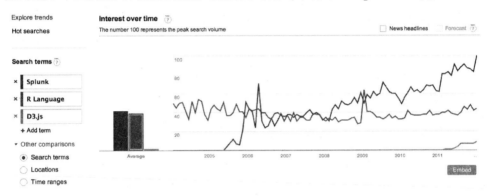

图 1-11　Google Trends 分析出对 Splunk、R 和 D3 兴趣度随时间的变化趋势

从图中我们可以看到 R 从 2000 年起一直保持一个平稳连续的兴趣度数量；Splunk 在 2005 年的图表中被提及，大约在 2006 年，兴趣度达到峰值，并且之后有一个平稳的增长。对于 D3，我们看到它在 2011 年左右到达峰值，这个时候它被不断传播，而它的前身 Protovis 却消失了。

R 语言成为大多数开发者、科学家和统计学家所选择的工具。接下来的章节中，我们将深入介绍 R 的环境和语言，但是现在我们只需知道它是一个开源的环境和语言，用于统计分析和图形展示。该语言很强大、很好用，而且最好的是它是免费的。

在过去的几年里，Splunk 得到了快速且平稳的增长。这是因为 Splunk 安装后易于使用、规模大、支持多个并发用户，并且对每个人来说都很容易得到数据报告。只需将它设置为日志文件，然后可以进入 Splunk 的仪表盘，并在这些日志中运行报告的关键字段。Splunk 制作可视化是其报告功能的一部分，报警也是一样。虽然 Splunk 是一个商业产品，但也提供了一个免费版本，有效地址为：http：//www.splunk.com/download。

D3 是一个 JavaScript 库，我们可以制作交互式的可视化。这是官方对 Protovis

的后续。Protovis 是由斯坦福大学的斯坦福可视化小组于 2009 年制作的一个 JavaScript 库。Protovis 在 2011 年消失，接着创造者公布了 D3。第 4 章将详细讨论 D3 库。

分析工具

除了前面提到的一些语言和环境外，还可以在线获得大量分析工具。

Google Trends 是分析和研究的一个重要工具。它可以比较检索词的趋势。提供关于那些趋势的大量统计信息，包括比较它们的相关搜索量（见图 1-12），以及这些趋势所在的地理区域和与其相关的关键字。

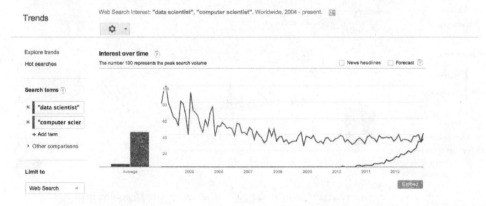

图 1-12　Google Trends 对"数据科学家"和"计算机科学家"两个术语随时间变化的趋势图

另一个非常好的分析工具是 Wolfram|Alpha（http://wolframalpha.com）。图 1-13 是 Wolfram|Alpha 主页的截图。

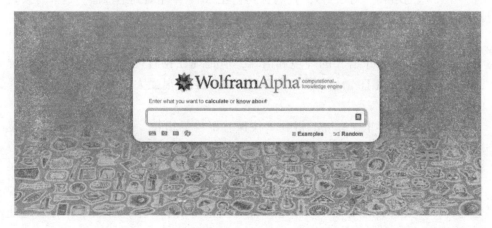

图 1-13　Wolfram|Alpha 主页

Wolfram|Alpha 并不是一个搜索引擎。搜索引擎是爬虫对内容进行索引。Wolfram|Alpha 是一个问题答案（QA）引擎，并使用自然语言处理人类可读的句子并对计算结果做出回应。也就是说，如果想要搜索光的速度。应该先找到 Wolfram|Alpha 站点，并且输入"光的速度是多少?"，记住它是通过使用自然语言的过程来分析搜索询问的语法结构，而不是关键字检查。

可以在图 1-14 中看到这个查询的结果。Wolfram|Alpha 本质上是查找关于光速的所有数据，并将它们以一个结构化和分类的方式表示出来。用户也可以对每一个结果导出原始数据。

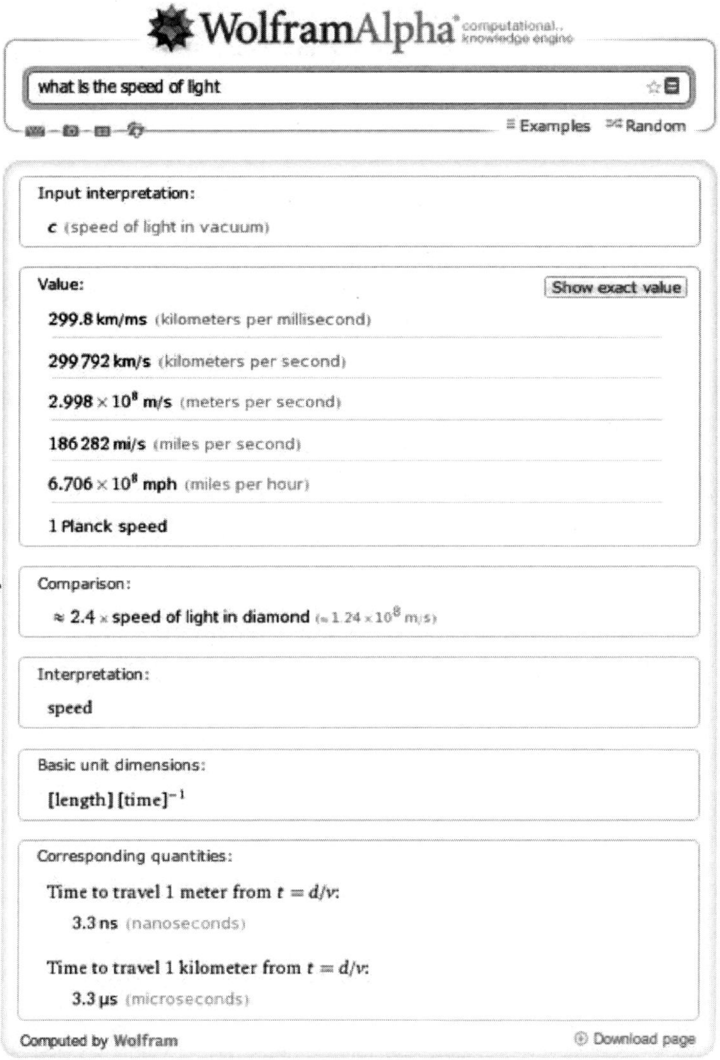

图 1-14　Wolfram|Alpha 对查询"光速是多少"所给出的结果

过程概述

到此，知道了什么是数据可视化，并且对其历史有了较深入的了解，也对现状有了一个认识。对于如何使用数据可视化，也开始有了一些思路。有些工具可以帮助我们分析和创建图表。现在看一下它所涉及的过程。

实现数据可视化包括 4 个核心步骤：
1）确认问题
2）搜集数据
3）分析数据
4）可视化数据

来看看过程中的每一个步骤，并再次创建之前介绍的图表来演示该过程。

确认问题

第一步是确认我们想要解决的问题。这几乎可以是任何问题——从深刻而广泛的问题到解决为什么 bug 累积似乎没有下降和减缓的迹象，一直到观察某个特定时段什么样的特征会造成大多数的生产事件及其背后的原因所在。

例如重构图 1-5，以"纽约时报"关于这个主题的文章数量为例，用数据可视化尝试量化关注度随时间的变化。

搜集数据

明白了要研究的问题后，开始接下来的工作。如果您正在试图解决某个问题或者讲述关于自己产品的故事，当然使用自己的数据作为开始——或许是您的阿帕奇日志，或者是您的缺陷积压，或者是从您的项目追踪软件中导出的数据。

注意：如果您关注的是搜集产品的指标数据，并且手头还没有现成的数据，那就需要借助一些指令。有很多方法可以做到，通常是将记录放入代码中。至少，您需要记录错误状态并且监控那些记录，这其中包括在考虑到用户隐私和公司隐私政策的情况下，扩展跟踪的范围，以达到排除故障的目的。在原作者的《Pro JavaScript Performance：Monitoring and Visualization》一书中，寻找了一个方法来跟踪和可视化网络和运行期性能。

数据收集还有一个很重要的方面就是决定数据应该采取的格式，或者确定数据的哪种格式是有效的。接下来看一下目前常用的数据格式。

JavaScript 对象表示法（JavaScript Object Notation，JSON）是将传送数据作为序列化的 JavaScript 对象的基本方法。JSON 的规定格式如下：

```
[object]{
[attribute]:[value],
[method]:function(){},
[array]:[item,item]
}
```

另一种传输数据的方法是 XML 格式。XML 有一个预期的语法,它的元素有固有的属性和值,值总是在引号中,而且每一个元素必须有一个结束元素。XML 格式如下:

```
<parent attribute="value">
    <child attribute="value">node data</child>
</parent>
```

通常情况下,希望 APIs 返回 XML 或 JSON 格式,而首选是 JSON,因为可以看出,在使用字符的绝对量上它是一个更轻量级的选项。

但是如果从一个应用程序中导出数据,它很可能是用逗号隔开的值文件形式,也被称为 CSV 文件。CSV 的确切描述是:用逗号或者其他的分隔符隔开的值。

```
value1,value2,value3
value4,value5,value6
```

例如,若使用纽约时报的 API 工具,获取地址是:http://prototype.nytimes.com/gst/apitool/index.html。这个 API 工具公布了所有的纽约时报制作的有效 APIs,包括文章搜索 API、金融运动 API 和电影回顾 API。我们所要做的就是从下拉菜单选择文章搜索 API,输入想要搜索的问题或者说法,接着单击"Make Request"。

这个 API 查询就会给我们以 JSON 的形式返回数据,可以在图 1-15 中看到结果。

我们可以将返回的 JSON 数据复制或者粘贴到自己的文件中,或者可以通过特殊的步骤得到一个 API 键,这样就可以在自己的程序中查询 API。

为了实现这个例子,我们在一个文件中保存 JSON 数据,并将其命名为 jsNYTimesData。文件所包含的结构如下:

```
{
  "offset":"0",
  "result":[
    {
      "boby":"BODY COPY",
```

```
    "byline":"By AUTHOR",
    "date":"2012011",
    "title":"TITLE",
    "url":"http:\/\/www.nytimes.com\/foo.html"
},{
    "body":"BODY COPY",
    "byline":"By YUTHOR",
    "data":"2012021".
    "title":"TITLE",
    "url":"http:\/\/www.nytimes.com\/bar.html"
}
],
"tokens":[
    "JavaScript"
],
"total":2
}
```

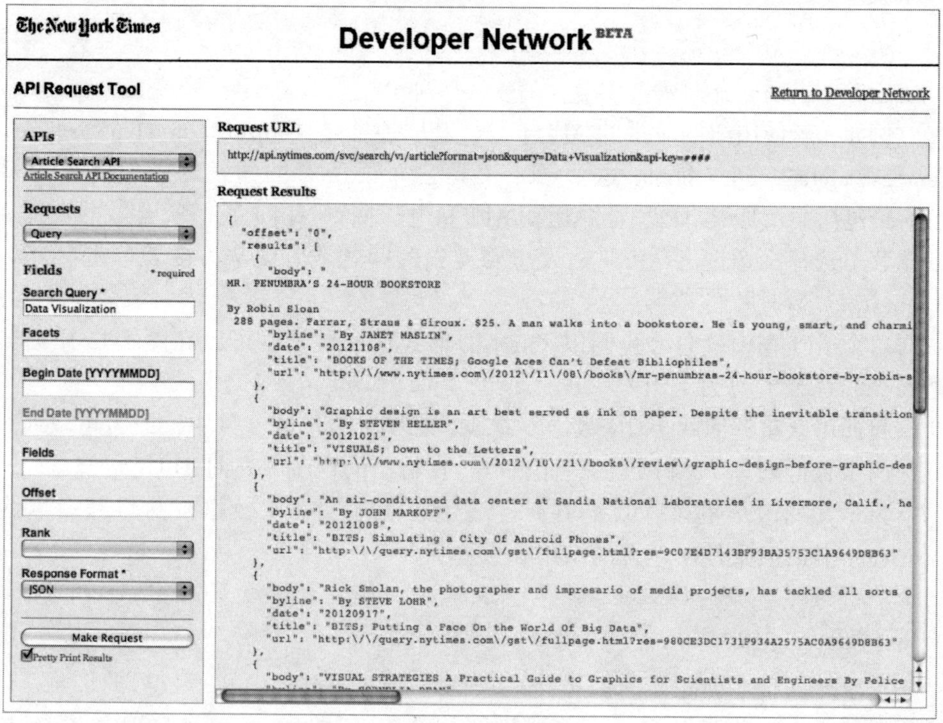

图 1-15 纽约时报的 API 工具

查看更高级别的 JSON 结构，可以看到一个属性叫 offset，一个数组叫 result，一个数据叫 tokens，其他的属性叫 total。offset 参数用于分页（从哪一页开始）。total 属性正如它所叫的那样：我们查询所得结果总量。它是我们真正关心的结果数组；它是一个对象数组，每一个对象数组都对应一篇文章。这个文章对象具有正文、署名、日期、标题和网址等属性。

有了可看的数据就可以进行下一步骤——分析数据。

数据清洗

处理过数据的人都知道，这里通常有一个隐藏的步骤——清洗数据。通常数据并不完全是我们所需的格式，甚至这些数据是无用的或不完整的。

最好是将数据重定格式，甚至多行索引，确保数据的完整性没有丢失。

脏数据有的字段失序，这些字段里明显有些不好的信息或空白区域。如果数据是脏的，可以这样处理：

（1）去掉有问题的行，但不能损害数据的完整性。举个例子，如果正在创建一个直方图，去掉一行可能会改变数据的分布或改变最终结果。

（2）最好的选择是让数据资源的管理者提供更好的版本。

不管什么情况下，如果数据是脏的，或者需要重新定义格式才能导入到 R 中，除非在开始分析时是已经在某些点上清洗了的数据。

数据分析

有数据很好，但这意味着什么呢？我们可以通过分析数据得出结论。

数据分析是数据可视化中最重要的一部。只有通过分析，才能了解自己的数据，并且只有通过了解数据，才能创造我们的故事并和其他人分享。

开始分析时，将数据导入到 R 中。如果还没有完全熟悉 R，也不要担心；我们将在下一章中，对 R 语言做一个详细的介绍。如果现在对 R 还不是很熟悉，不要担心接下来的例子中的相关代码；只需要知道这个程序是做什么的，然后在读看完第 3 章和第 4 章后再回看这些例子中的代码。

由于我们的例子是 JSON，使用 R 的程序包叫作 rjson。这个程序包允许我们读取数据并且用 fromJSON( ) 函数来解析 JSON。

```
Library(rjson)
Json_data <- fromJSON(paste(readLines("jsNYTimesData.txt"),collapse=""))
```

这个真的很棒，除了将数据作为纯文本读入外，也包括了数据的信息。但是不能从文本中提取信息，因为很明显，文本在原始字符之外没有语境意义。所以需要遍历数据并将其解析为更有意义的类型。

创建一个数据帧（R 中特定的一个类似数组的数据类型，我们将在下一章讨论），对循环遍历 json_data 对象；从数据属性中解析年、月和日的部分。我们还可以从 byline 中解析作者的名字，并且检查确认，如果作者的名字没有出现，可用一个字符串 "unknow" 来代替空值。

```
df <- data.frame()
for(n in json_dataresults){
        year <- substr(n $ date,0,4)
        month <- substr(n $ date,5,6)
        day <- substr(n $ date,7,8)
        author <- (n $ date,4,30)
        title <- n $ title
        if(length(author) < 1){
            author <- "unknown"
        }
}
```

接着，可以重新组合日期为一个 MM/DD/YYYY 样式的字符串，并且转换为日期对象。

```
Datestamp <-paste(month,"/",day,"/",year,sep="")
Datestamp <- as.date(datestamp,"%m/%d/%Y")
```

最后在退出循环之前，应该添加这个用新的方式解析的作者和日期信息到一个临时的行中，并且将该行添加到新的数据结构中。

```
newiow <-data.frame(datestamp,author,title,stringsAsFactors = FALSE,
check.rows = FALSE)
df <- rbind(df,newrow)
```

完成的循环应如下所示：

```
df <- data.frame(0
for(n in json_data $ results){
    year <-substr(ndate,0,4)
    month <- substr(n $ date,5,6)
    day <- substr(n $ date,7,8)
    author <- (n $ date,4,30)
    title <- n $ title
if(length(author) <1){
    author <-"unknown"
    }
    datestamp <-paste(month,"/",day,"/",year,sep="")
```

```
            datestamp <-as. Date(datestamp,"%m/%d/%Y")
newrow <-data. frame (datestamp, author, title, stringsAsFactors = FALSE,
check. rows = FALSE)
df <- rbind(df,newrow)
        }
rownames(df) <-df $ datestamp
```

需要注意的是例子中假定返回的数据集有唯一的数值。如果得到错误值，或许需要删除返回的数据集从而清除重复的行。

一旦数据帧得以填充，就可以开始对数据进行分析。先从每一个条目开始的年份开始，然后快速的做一个茎叶图来观察数据的形状。

注意：John Tukey 在他的开创性著作《探索数据分析》中创造了茎叶图。茎叶图是快速、高级的方法，可以观察数据的形状，就像直方图一样。在茎叶图中，我们将"茎"列放在左边，"叶"列放在右边。茎由结果中最重要的独特元素组成。叶由每一个茎相关值的其余部分组成。在下面的茎叶图中，年对应的茎，R 表示与某一年相关的每一行零点。另外，需要注意的是，为了得到更加简洁的可视化，通常将按顺序排列的行组成一个单独的行。

首先，将创建一个新的变量来存储年的信息。

```
yearlist <- as. POSIXLT(df $ datestamp) $ year +1900
```

如果检查这个变量，可以看到如下结果：

```
> yearlist
[1] 2012 2012 2012 2012 2012 2012 2012 2012 2012 2012 2012 2012 2012 2011
2011 2011 2011 2011 2011
2011 2011 2011 2011 2011 2011 2011 2011 2011 2011
[30] 2011 2011 2011 2011 2010 2010 2010 2010 2010 2010 2010 2010 2010 2010
2009 2009 2009 2009 2009
2009 2009 2008 2008 2008 2007 2007 2007 2007 2006
[59] 2006 2006 2006 2005 2005 2005 2005 2005 2004 2003 2003 2003 2002
2002 2002 2002 2001 2001
2000 2000 2000 2000 2000 2000 1999 1999 1999 1999
[88] 1999 1999 1998 1998 1998 1997 1997 1996 1996 1995 1995 1995 1993 1993
1993 1993 1992 1991 1991
1991 1990 1990 1990 1990 1989 1989 1989 1988 1988
[117] 1988 1986 1985 1985 1985 1984 1982 1982 1981
```

很好，这正是我们所想要的：每一年代表每一篇返回的文章。接下来我们创建茎叶图。

```
> stem(yearlist)
 1980 | 0
 1982 | 00
 1984 | 0000
 1986 | 0
 1988 | 000000
 1990 | 0000000
 1992 | 00000
 1994 | 000
 1996 | 0000
 1998 | 000000000
 2000 | 00000000
 2002 | 0000000
 2004 | 0000000
 2006 | 00000000
 2008 | 0000000000
 2010 | 000000000000000000000000000000
 2012 | 0000000000000
```

这个茎叶图非常有趣。可以看到，在20世纪90年代中期有一次逐降过程，另一次下降是在2000年左右，从2010年起又出现了强劲的暴增（茎图和叶图是每两年分为一组）。

看到这一点，脑海里开始设想一个正在流行的主题故事。但是这些文章的作者呢？或许他们只是一两个被这个主题吸引并刚好有些见解要讲的作者。

继续探究一下这个想法，看一看解析出的作者数据。从数据帧中看一下不同的作者。

```
> length(unique(df $ author))
[1] 81
```

我们看到在这些文章有81个不同的作者或作者的组合。出于好奇，看一下文章的作者分类。快速地创建一个条形图来看一下这些数据的整体形状（条形图见图1-16）。

```
plot(table(df $ author),axes = FALSE)
```

为了能够专注于数据的形状而不去关注详细信息，我们去掉x轴和y轴。从形状上看，可以看到大部分的线条高度是相同的；这代表只写了一篇文章的作者。其他更高的线条是写了多篇文章的作者。本质上说，每一个线条代表一个

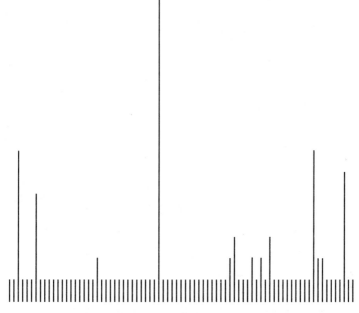

图 1-16　快速可视化作者文章数量的条形图

作者,线条的高度表示他们所写文章的数量。我们可以看到大约有五位作者发表文章较多,但大多数平均只写了一篇文章。

注意,我们刚刚创建了几个可视化作为分析的一部分。这两个步骤并不是互相排斥的;经常创建快速可视化可以帮助我们快速理解数据。创建的意图是使它成为分析阶段的一部分。这些可视化旨在提高对数据的理解,这样可以准确的了解数据里的故事。

通过越来越多的文章作者表明,在这个特殊的数据集中可以看到的是一个学科受欢迎度增长的故事。

注意:并不是捏造或是虚构一个故事。数据分析者应该像信息考古者一样,通过对源数据的筛选来发现故事。

数据可视化

一旦分析了数据并理解了它(意思是说真正地理解数据并熟悉它的所有详细信息),也就是说,一旦看到了数据的内部故事,那就该分享这个故事了。

对于当前的例子,已经制作了茎叶图和条形图作为分析的一部分。虽然茎叶图对于分析数据很有用处,但对于信息的挖掘却不是太好。在茎叶图中,数字在上下文的所代表的含义并不是很明显。并且创建的条形图是支持这个故事的主要论点而不是与之交流。

如果想展示每年文章的分布，可以用直方图来讲述这个故事。

```
hist(yearlist)
```

如图 1-17 所示，是调用 hist( ) 函数产生的图形。

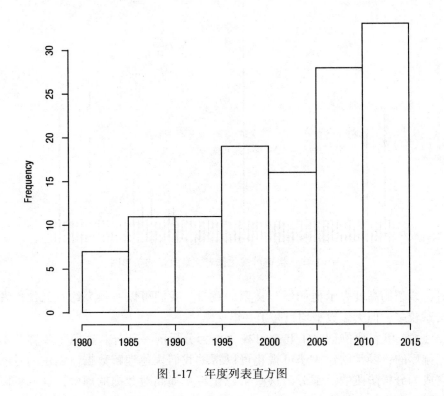

图 1-17　年度列表直方图

这是一个好的开始，但是我们需要更近一步的提炼。给条形添加颜色，给图表添加一个有意义的标题，并且严格限定年份。生成的直方图如图 1-5 所示。

```
hist(yearlist,breaks = (1981:2012),freq = TRUE,col = "#CCCCCC",main = "
Distribution of articles about Data Visualization \ nby the NY Times",
xlab = "Year")
```

数据可视化技术伦理

回顾本章开头的图 1-3，我们研究了搜索术语"数据可视化"受欢迎程度的权重。通过对 2006 年到 2012 年数据的限制，了解到一个关键字受欢迎度增长的故事，在六年的时间里受欢迎度几乎翻了一番。如果在这个例子中增加更多的数据点，并且将视角扩大到2004年，那又将会怎么样呢？扩展的时间序列图表如图1-18所示。

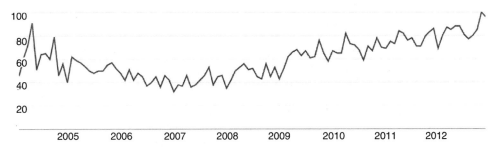

图1-18　具有扩展时间范围的Google Trends时间序列展现。注意：增加的数据点给出了一个更大的上下文背景并讲述了不同的故事。

这个扩展的图讲述了一个不同的故事：描述了2005年到2009年受欢迎度下降的故事。这个扩展图还表明，用数据可视化有意或无意中歪曲事实是十分容易的。

引用资源

当Playfair首次发布他的《商业和政治地图集》时，他必须面对的最大偏见之一就是同行们对用图表能够准确表达数据的固有不信任。他试图通过这本书的前两个版本中包含的数据表来解决这个问题。

同样，在发布图表时，应该始终包括我们的资源，这样读者就可以回过头来独立地判断这是否是他们想要的数据。这一点很重要，因为我们总是试图去分享信息，而不是囤积它，并且应该鼓励其他人去检查数据，并且对结果有兴趣。

注意视觉线索

使用图标作为视觉速记的弊端是，当我们看图表时总是带着自己的观点和理解。我们习惯于某些事情，例如用红色来标记危险或作为提醒，用绿色表示安全等。这些颜色的内涵是颜色理论的一部分，称之为色彩调和，至少要知道您选择的颜色意味着什么。

当有疑问时，会产生另一种观点。创造图表时，我们经常会选择和一个特定的布局或者图形相结合。这很自然，因为我们花了很多的时间来分析和创建图形。应该客观地指出无意的含义或过于复杂的设计，并制作一个更加清晰的可视化。

总结

本章介绍数据可视化的概念，从收集和探索数据，到创建可视化模型的图表来定义我们如何和数据进行交流。我们从早期的 William Playfair 和 Florence Nightingale 到现代的例子如 xkcd.com，了解了数据可视化的历史。

本章看到了一些代码，下一章将开始深入学习 R 的策略，然后就可以着手进行读取数据了，从而构建我们自己的可视化数据。

第2章 初学R语言

在第1章中我们定义了数据可视化,并领略了这些方法的一些历史,探索了制作数据可视化的过程。这一章,将更深入的理解制作数据可视化最重要的一个工具——R。

在制作数据可视化时,R 是一个完整的工具,它可以分析数据并制作可视化数据。我们将在本书的其他部分大量地使用 R,所以将它的级别设置为第一。

R 既是一个环境,也是一门语言,用来运行统计计算和产生数据图案。在 1993 年,它由奥克兰大学的 Ross Ihaka 教授和 Robert Gentlementl 教授创造。R 环境是一个运行环境,您可以开发它和在其中运行 R。R 语言是您开发使用的编程语言。

R 继承的是 S 语言,S 语言是在 1976 年由 Bell Labs 发布的统计学编程语言。

了解 R 控制台

我们首先下载并安装 R。R 可以从 R 基金会网站(http://www.r-project.org)得到。

图 2-1 就是 R 基金会网站主页的截屏。

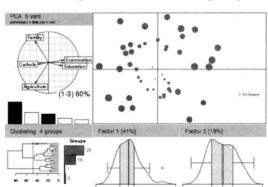

图 2-1 R 基金会网站主页

它可以以预编译二进制文件的格式从综合 R 档案网络（CRAN）网页：http://cran.r-project.org/（见图 2-2）获得。只需选择与操作系统匹配的 R 版本，就可以下载了。

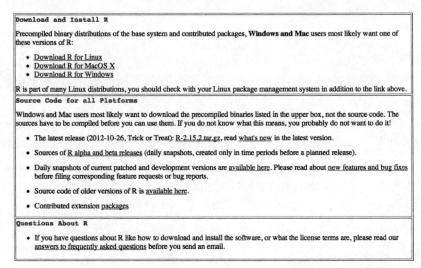

图 2-2　CRAN 站点

下载完成后，就可以安装运行。如图 2-3 所示的是在 Mac OS 中安装 R 的截屏。一旦完成安装，就可以启动 R 程序，如图 2-4 展示的是 R 的控制台。

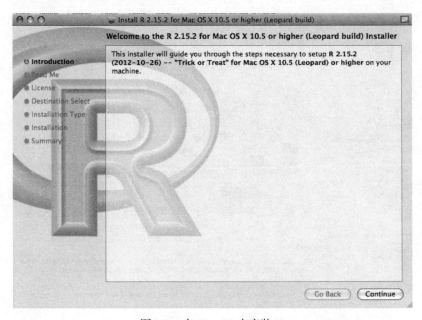

图 2-3　在 Mac OS 中安装 R

第 2 章 初学 R 语言

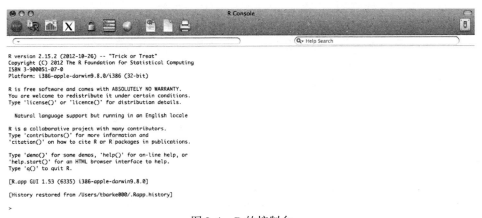

图 2-4　R 的控制台

命令行

R 的控制台是奇迹发生的地方！它就是一个可以运行 R 表达式的命令行环境。在 R 中最好的加速方法就是在控制台中写脚本，一步一步地写，一般是去尝试要去做的事情，并且调整脚本，直到得到想要的结果为止。在最终有一个工作例子的时候，将这些完成想要做的事情的代码保存为一个 R 脚本文件。

R 脚本文件是包含纯 R 的文件，可以在控制台中使用 source 命令来运行。

> source("someRfile.R")

看之前的代码片段，要断定 R 脚本存在于当前工作目录之中，看当前目录的方法就是使用 getwd( ) 函数。

```
> getwd()
[1]"/users/tomjbarker"
```

也可以使用 setwd( ) 函数设置工作目录。注意对工作目录所做的改变并不会在 R 会话中，除非这个节点被保存。

```
> setwd("/users/tomjbarker/downloads")
  > getwd()
[1]"/users/tonjbarker/downloads"
```

命令历史

R 的控制台存储了键入的命令，并且可通过按向上的箭头来循环以前的命令。单击 Escape 按键可以返回到命令提示符。单击控制台最上面的 Show/Hide 命令历史按键，就可以在一个单独的窗口中看到历史记录。Show/Hide 命令历史按键是一个带有黄色和绿色相间条纹的矩形图标。如图 2-5 展示的是 R 的控制台命令历史。

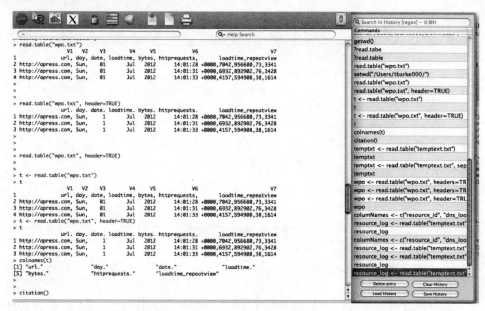

图2-5　附带命令行历史的R的控制台

访问文件

为了读入一个特定功能或关键字的R文档，只需简单地在关键字之前加上问号。

>? setwd

如果想要搜索特定单词或短语的文档，可以在关键字前加上两个问号。

>??"working directory"

此代码启动一个显示搜索结果的窗口（见图2-6）。搜索结果窗口包含每个主题的行，其中包含搜索短语并具有"帮助"主题的名称、"帮助"主题相关功能所在的包以及"帮助"主题的简介。

程序包

说到程序包，它们到底指的是什么呢？程序包是一个集合，包含函数、数据集、以及可以导入到当前的节点或工作空间来扩展我们在R中所做事情能力的对象。任何人都可以制作一个程序包并发布它。

安装一个程序包，可以使用简单的输入命令。

```
install.packages([package name])
```

例如，如果想要安装ggplot2程序包，这个程序包是一个广泛使用和非常便利的图表包，可以在控制台中输入：

```
>install.packages("ggplot2")
```

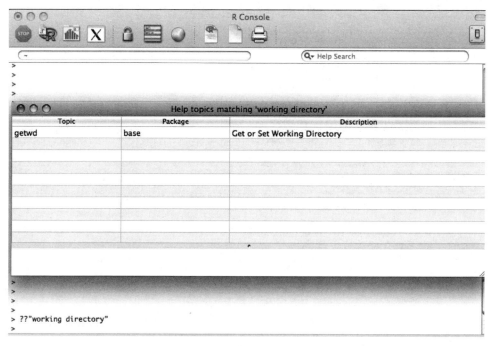

图 2-6 Help 搜索结果窗口

会立即被提示选择想要使用的镜像地址，通常选择一个离我们最近的当前地址。之后，开始安装。可以看到如图 2-7 所示的结果。

这样，这个 zip 压缩包下载并安装在我们的 R 中。

如果要使用已经安装的程序包，必须将它加到我们的工作空间中来。可以使用 library( ) 函数实现。

> library(ggplot2)

在 CRAN 中的可以获得程序包列表，所在网址为：http：//cran.r-project.org/web/packages/available_package_by_name.html。

要查看已经安装的程序包的列表，可以通过调用无参数的 library( ) 函数（取决个人环境和安装，程序包列表可能各种各样）。

```
> library()
Packages in library '/Library/Frameworks/R.framework/Versions/2.15/Resources/library':

barcode              Barcode distribution plots
base                 The R Base Package
boot                 Bootstrap Functions (originally by Angelo Canty for S)
class                Functions for Classification
```

采用 R 和 JavaScript 的数据可视化

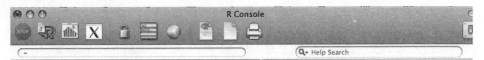

图 2-7　安装 ggplot2 程序包

cluster	Cluster Analysis Extended Rousseeuw et al.
codetools	Code Analysis Tools for R
colorspace	Color Space Manipulation
compiler	The R Compiler Package
datasets	The R Datasets Package
dichromat	Color schemes for dichromats
digest	Create cryptographic hash digests of R objects
foreign	Read Data Stored by Minitab, S, SAS, SPSS, Stata, Systat, dBase, ...
ggplot2	An implementation of the Grammar of Graphics
gpairs	gpairs: The Generalized Pairs Plot
graphics	The R Graphics Package
grDevices	The R Graphics Devices and Support for Colours and Fonts
grid	The Grid Graphics Package
gtable	Arrange grobs in tables.
KernSmooth	Functions for kernel smoothing for Wand & Jones (1995)

```
labeling    Axis Labeling
lattice     Lattice Graphics
mapdata     Extra Map Databases
mapproj     Map Projections
maps        Draw Geographical Maps
```

导入数据

现在我们的环境已经下载并安装，并且也知道了如何安装我们可能需要的任何包。现在开始使用 R 吧！

通常要做的第一件事情就是导入数据。在 R 中有很多导入数据的方法，但是最常用的方法是用 read( ) 函数，这个函数格式如下：

```
read.table("[file to read]")
read.csv(["file to read"])
```

为了查看这个操作，首先创建一个文本文件，命名为 temptext.txt，它的格式如下：

134,432,435,313,11
403,200,500,404,33
77,321,90,2002,395

我们可以把它当作一个变量，命名为 temptxt。

```
temptxt <- read.table("temptext.txt")
```

注意为这个变量赋值时，并不是使用等号作为赋值运算符。而是用一个箭头 " <- " 来代替。它就是 R 的赋值运算符，如果喜欢使用等号，R 也支持这种操作符。但是标准是箭头，本书的所有例子都使用箭头。

如果要输出 temptxt 变量的值，可以看到如下的结构：

```
>temptxt
V1
1 134,432,435,313,11
2 403,200,500,404,33
3 77,321,90,2002,395
```

可以看到，这个变量是一个类似于表格的结构，称为数据帧，并且 R 已经给数据结构分配了一个列名（V1）和行 ID。接下来有更多行名字。

read( ) 函数有很多参数，可以使用这些参数重新定义导入数据的方式和当它导入后的数据的格式。

使用标题

表头参数指示 R 语言将外部文件的第一行视为表头的信息。第一行将成为数据帧的列名。

例如，假设有一个日志文件的结构如下：

```
url, day, date, loadtime, bytes, httprequests, loadtime_repeatview
http://apress.com, Sun, 01 Jul 2012 14:01:28 +0000,7042,956680,73,3341
http://apress.com, Sun, 01 Jul 2012 14:01:31 +0000,6932,892902,76,3428
http://apress.com, Sun, 01 Jul 2012 14:01:33 +0000,4157,594908,38,1614
```

可以导入到一个名为 wpo 的参数中，如下：

```
> wpo <- read.table("wpo.txt", header = TRUE )
> wpo
   url day date loadtime bytes httprequests loadtime_repeatview
1 http://apress.com,Sun,1 Jul 2012 14:01:28 +0000,7042,955550,73,3191
2 http://apress.com,Sun,1 Jul 2012 14:01:31 +0000,6932,892442,76,3728
3 http://apress.com,Sun,1 Jul 2012 14:01:33 +0000,4157,614908,38,1514
```

当调用 colnames() 函数看 wpo 参数列名，可以得到如下结果：

```
> colnames(wpo)
[1] "url" "day" "date" "loadtime"
[5] "bytes" "httprequests" "loadtime_repeatview"
```

指定字符串分隔符

sep 属性告诉 read() 函数如何使用字符串分隔符来解析外部数据文件中的列。目前我们看到的所有例子中，使用逗号作为分隔符，但是也可以使用管道符"|"或其他字符来代替。

例如，之前的 temptxt 示例中使用管道符，我们只需更新代码如下：

```
134|432|435|313|11
403|200|500|404|33
77|321|90|2002|395
> temptxt <- read.table("temptext.txt", sep = "|")
> temptxt
    V1  V2  V3   V4  V5
1  134 432 435  313  11
2  403 200 500  404  33
3   77 321  90 2002 395
```

注意到了么？这次我们得到了不同的列名（V1、V2、V3、V4、V5）。之前我们没有指定分隔符，因此 R 就认为每一行是一个文本集合，将它们集中成一个单独的列（V1）。

指定行标识符

　　row.names 属性允许我们对行指定标识符。默认情况下，如我们之前看到的例子，R 使用递增的数字作为行的 ID。记住，每一行的名字必须是唯一的。

　　知道了这些，让我们来看一看导入一些不同的日志数据，这些日志数据具有唯一的 URL 性能指标。

```
url, day, date, loadtime, bytes, httprequests, loadtime_repeatview
http://apress.com, Sun, 01 Jul 2012 14:01:28 +0000,7042,956680,73,3341
http://google.com, Sun, 01 Jul 2012 14:01:31 +0000,6932,892902,76,3428
http://apple.com, Sun, 01 Jul 2012 14:01:33 +0000,4157,594908,38,1614
```

　　当读入它的时候，必须指定 URL 列中的数据用作数据帧的行名。

```
> wpo <- read.table("wpo.txt", header=TRUE, sep=",", row.names="url")
> wpo
                  day date       loadtime bytes httprequests loadtime_repeatview
http://apress.com Sun 01 Jul 2012 14:01:28 +0000  7042 956680  73        3341
http://google.com Sun 01 Jul 2012 14:01:31 +0000  6932 892902  76        3428
http://apple.com  Sun 01 Jul 2012 14:01:33 +0000  4157 594908  38        1614
```

使用定制化的列名

　　接下来，如果想要有列名，但文件的第一行不是标题信息怎么办呢？可以使用 col.names 参数来指定一个向量作为列名。

　　继续往下看。在这个例子中，将用前面使用过的管道符分隔的文本文件。

```
134|432|435|313|11
403|200|500|404|33
77|321|90|2002|395
```

　　首先，创建一个名为 columnNames 的向量，这个向量包含的字符串将作为列名称。

```
> columnNames <- c("resource_id", "dns_lookup", "cache_load", "file_size", "server_response")
```

　　接着读入数据，将向量传递给 col.names 参数。

```
> resource_log <- read.table("temptext.txt", sep="|", col.names=columnNames)
> resource_log
  resource_id dns_lookup cache_load file_size server_response
1         134        432        435       313              11
2         403        200        500       404              33
```

3　　77　　321　　90　　2002　　395

数据结构和数据类型

在前面的例子中，讨论了很多概念；创建了变量，包括向量和数据帧；但是并没有过多的讨论它们是什么。回过头来看一下 R 支持的数据类型以及如何使用它们。

R 中的数据类型称为模式，包括如下几种：
- 数字
- 字符
- 合乎逻辑
- 复杂
- 新的
- 列表

可以使用 mode() 函数来查看变量的模式。

字符和数字模式代表的是字符串和数字（包括整数和浮点型）数据类型。逻辑模式是布尔值。

```
> n <-122132
> mode(n)
[1]"numeric"
> c <-"test text"
> mode(c)
[1]"character"
> l <-TRUE
> mode(1)
[1]"logical"
```

可以使用 paste() 函数将字符串串联起来。使用 substr() 函数将字符拉到字符串外。看一下这些代码中的例子。

通常需要保留一个目录列表，以便可以从中读取数据也可以将字符写入其中。之后当要引用存在于数据目录中的一个新的数据文件时，只需要将新的数据文件名添加到数据目录中即可。

```
> dataDirectory <-"/Users/tomjbarker/org/data/"
> buglist <-paste(dataDirectory,"bugs.txt",sep = "")
> buglist
[1]"/Users/tomjbarker/org/data/bugs.txt"
```

paste( )函数可以将 N 个字符串连接在一起。它接收一个名叫 sep 的参数，允许指定一个字符串作为所连接字符串之间的一个分隔符。不想任何东西分离连接的字符串时，可以将它设为空字符串。

可以使用 substr( ) 函数提取字符串中的字符。substr( ) 函数从字符串的开始位置到结束位置解析字符串。它返回的是从开始位置到结束位置的所有字符串。（记住，在 R 中，列表不是像其他大多数语言那样从 0 开始，它的开始索引是 1。）

```
>substr("test",1,2)
[1]"te"
```

在之前的例子中，导入字符串 "test"，并且告诉 substr( ) 函数返回第一和第二个字符。

复杂的模式适用于复杂的数字。新的模式用来储存新的字节数据。

列表数据类型或模式有三种：向量、矩阵和数据帧。如果对向量或矩阵使用 mode( ) 函数，就会返回它们包含数据的模式；class( ) 函数返回列表数据类型。如果对一个数据帧调用 mode( ) 函数，它将返回列表的数据类型。

```
>v<-c(1:10)
>mode(v)
[1]"numeric"
>m<-matrix(c(1:10),byrow=TRUE)
>mode(m)
[1]"numeric"
>class(m)
[1]"matrix"
>d<-data.frame(c(1:10))
>mode(d)
[1]"list"
>class(d)
[1]"data.frame"
```

注意：仅仅输入 1：10 即可，而不需所有介于 1 和 10 之间的数字。
v <-c(1:10)

向量是一维数组，它只能每次保存一个单一模式的值。是时候接触数据帧和矩阵了，R 也开始变得有趣了。接下来的两部分就介绍这两类。

数据帧

在这一章开始的时候看到 read( ) 函数用来添加外部数据，并将其保存为一个数据帧。数据帧同其他松散类型语言的数据一样——它们是一个容器，存有各种不同类型的数据,可通过索引来引用。需认识到的主要事情是,数据帧能看到的数据,包括行、列以及两者的组合。

例如,思考如下形式的数据帧:

```
       col  col  col  col  col
row [ 1 ][ 1 ][ 1 ][ 1 ][ 1 ]
row [ 1 ][ 1 ][ 1 ][ 1 ][ 1 ]
row [ 1 ][ 1 ][ 1 ][ 1 ][ 1 ]
row [ 1 ][ 1 ][ 1 ][ 1 ][ 1 ]
```

如果引用数据帧序列的第一个索引,像传统对待一个序列样,用 dataframe[1] 实现,R 会返回第一行的数据,而不是第一项。所以数据帧是以它的列和行来索引。dataframe [1] 返回第一列,dataframe [,2] 返回第一行。

在代码中来证明这个。

首先,用 c( ) 函数创建一些向量。记住这些向量收集的全是相同类型的数据。联合函数取一系列的值并且将它们连接到向量中。

```
> col1 <- c(1,2,3,4,5,6,7,8)
> col2 <- c(1,2,3,4,5,6,7,8)
> col3 <- c(1,2,3,4,5,6,7,8)
> col4 <- c(1,2,3,4,5,6,7,8)
```

接着,连接这些向量到一个数据帧中。

```
> df <- data.frame(col1,col2,col3,col4)
```

现在,输出这个数据帧,来看它所包含的内容和结构。

```
> df
  col1 col2 col3 col4
1   1    1    1    1
2   2    2    2    2
3   3    3    3    3
4   4    4    4    4
5   5    5    5    5
6   6    6    6    6
7   7    7    7    7
8   8    8    8    8
```

注意,数据帧将每一个向量作为一列。还要注意的是每一行有一个 ID;这些数字是默认的,但是我们可以重写。

如果引用第一索引,可以看到数据帧返回第一列。

```
> df[1]
  col1
```

```
1    1
2    2
3    3
4    4
5    5
6    6
7    7
8    8
```

如果在 1 的前面添加一个逗号，表示引用的是第一行。

```
>df[,1]
[1] 1 2 3 4 5 6 7 8
```

所以要访问数据帧的内容需要指定［行，列］。

矩阵的工作大多以同样的方式。

矩阵

矩阵和数据帧一样，矩阵也包含列和行，也可加以引用。两者之间最主要的不同是数据帧可以包含不同的数据类型，而矩阵仅能包含一种类型的数据。

这提出了一个原则性差异。通常我们使用数据帧来存储外部读入的数据，比如从一个结构文件或数据库中读入数据，它们通常是混合类型的。一般把数据存储在矩阵中，是因为我们想要对数据应用的函数适用于矩阵（更多的应用函数将在表中列出）。

使用 matrix() 函数创建一个矩阵，会以向量来输入数，并会告诉函数如何分配向量中的数据。

- nrow 参数指明矩阵行数。
- ncol 参数指明列的数量。
- byrow 参数告诉 R 向量包含的内容，如果 byrow 是 TURE，则以行来迭代分配，如果 byrow 是 FALSE，则以列来迭代分配。

```
>content <-c(1,2,3,4,5,6,7,8,9,10)
>m1 <-matrix(content,nrow =2,ncol =5,byrow =TRUE)
>m1
     [,1] [,2] [,3] [,4] [,5]
[1,]   1    2    3    4    5
[2,]   6    7    8    9   10
>
```

注意，在上面例子中 m1 矩阵在平面上是按行来分配。在接下来的例子中，m1 矩阵式按列在垂直方向分配。

```
> content <-c(1,2,3,4,5,6,7,8,9,10)
> m1 <-matrix(content,nrow=2,ncol=5,byrow=FALSE)
> m1
     [,1] [,2] [,3] [,4] [,5]
[1,]  1    3    5    7    9
[2,]  2    4    6    8   10
```

记住,上面两向量中包含的所有数字是手动输入的,如果数字是连续的,可以通过如下输入来代替:

```
content <- (1:10)
```

我们使用方括号来引用矩阵包含的内容,并分别指明行和列。

```
> m1[1,4]
[1] 7
```

如果数据帧仅仅包含一种类型的数据,可以将数据帧转换为矩阵。as. matrix( )函数可以实现这个功能。通常,将数据帧导入到一个绘图函数中来画出一个图表。

```
> barplot(as.matrix(df))
```

在下面我们将创建一个叫 df 的数据帧。在数据帧中填入 10 个连续的数字,使用 as. matrix( )函数将 df 转换为一个矩阵,并且将结果保存为一个名为 m 的新参数。

```
> df <-data.frame(1:10)
> df
  X1.10
1    1
2    2
3    3
4    4
5    5
6    6
7    7
8    8
9    9
10  10
> class(df)
[1] "data.frame"
> m <-as.matrix(df)
> class(m)
[1] "matrix"
```

记住，因为这些数据都是同样的数据类型，矩阵需要更少的空间并且在本质上比数据帧更加有效。如果比较矩阵 m 和数据帧 df 的大小，可以看到只有十分之一的差异。

```
>object.size(m)
312 bytes
>object.size(df)
440 bytes
```

按这样来说，如果我们增加它们的大小，则效率增加程度应不同。比较如下：

```
>big_df<-data.frame(1:40000000)
>big_m<-matrix(1:40000000)
>object.size(big_m)
160000112 bytes
>object.size(big_df)
160000400 bytes
```

我们看到在第一个小数据的例子中，矩阵在大小上比数据帧小 30% 左右，但是在更大数据的第二个例子中，矩阵仅仅比数据帧小 0.0018%。

添加列表

当组合或者添加数据到数据帧或矩阵时，通常使用 rbind( ) 函数添加行，或者使用 cbind( ) 函数添加列。

为了演示这一点，我们在数据帧 df 中添加一个新行。把 df 以及新添加的行传递给 rbind( ) 函数。这个新的行包括一个元素，就是数字 11。

```
>df<-rbind(df:11)
>df
X1.10
1    1
2    2
3    3
4    4
5    5
6    6
7    7
8    8
9    9
10   10
11   11
```

采用 R 和 JavaScript 的数据可视化

现在我们在矩阵 m 中添加一个新列。为此，只需要将 m 作为第一个参数传入 cbind()，作为第一个参数；第二个参数是一个新的矩阵，添加这个矩阵到新列中。

```
>m<-rbind(m,11)
>m<-cbind(m,matrix(c(50:60),byrow = FALSE)
> m
       X1.10
 [1,]    1 50
 [2,]    2 51
 [3,]    3 52
 [4,]    4 53
 [5,]    5 54
 [6,]    6 55
 [7,]    7 56
 [8,]    8 57
 [9,]    9 58
[10,]   10 59
[11,]   11 60
```

您可能会问向量是什么？好的，看一下我们加入的内容向量。简单地利用组合函数来连接当前的向量和一个新的向量。

```
>content<-c(1,2,3,4,5,6,7,8,9,10)
>content<-c(content,c(11:20))
>content
 [1]  1  2  3  4  5  6  7  8  9 10 11 12 13 14 15 16 17 18 19 20
```

遍历列表

作为通常使用编程语言工作或者至少使用编程语言来升级（虽然近年来函数式编程范例已经变得更加主流）的开发人员。当需要处理内部数据时，最可能使用的方法就是遍历数据。这与纯函数式语言相反，在这些语言中，将函数应用于列表，如 map() 函数。R 支持两种范例。先看一下如何遍历列表。

R 支持的最有效的循环就是 for 循环。for 循环最基本的结构如下所示：

```
>for(i in 1:5){print(i)}
[1]1
[1]2
[1]3
[1]4
[1]5
```

变量 i 的值通过迭代逐步增加。我们可以在循环中用 for 来走遍列表。可以指定一个特殊的列进行迭代，如下所示，遍历数据帧 df 中的 X1.10 列。

```
>for(n in df $ x1.10){print(n)}
[1]1
[1]2
[1]3
[1]4
[1]5
[1]6
[1]7
[1]8
[1]9
[1]10
[1]11
```

注意，可以通过美元符号的操作符来访问数据帧的列。一般的模式是：［数据帧］＄［列名］。

应用函数列表

R 真正希望使用的方法是将函数应用于列表的内容（见图2-8）。

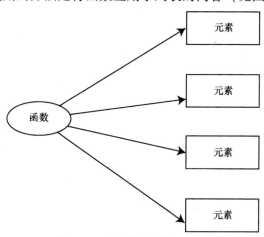

图 2-8　对列表元素使用函数

在 R 中使用 apply( ) 函数。

apply( ) 函数需要几个参数：

1）第一个是列。

2）接着是数字向量，用来指示我们如何在列表中应用函数（1 代表行，2 是列，c［1，2］表示行和列）。

3)最后一个是应用到列表的函数:

apply([list],[how to apply function],[function to apply])

看一下这个例子。创建一个叫 m 的新的矩阵。矩阵 m 有 10 列 4 行。

```
> m < - matrix(c(1:40), byrow = FALSE, ncol =10)
> m
     [,1] [,2] [,3] [,4] [,5] [,6] [,7] [,8] [,9] [,10]
[1,]   1    5    9   13   17   21   25   29   33   37
[2,]   2    6   10   14   18   22   26   30   34   38
[3,]   3    7   11   15   19   23   27   31   35   39
[4,]   4    8   12   16   20   24   28   32   36   40
```

现在我们想要增加矩阵 m 中的每个数。可以简单地使用 apply( ) 函数,如下:

```
> apply(m, 2, function(x) x < - x + 1)
     [,1] [,2] [,3] [,4] [,5] [,6] [,7] [,8] [,9] [,10]
[1,]   2    6   10   14   18   22   26   30   34   38
[2,]   3    7   11   15   19   23   27   31   35   39
[3,]   4    8   12   16   20   24   28   32   36   40
[4,]   5    9   13   17   21   25   29   33   37   41
```

能看出我们刚刚做了什么吗?通过 m 指定要在列上应用这个函数,最后传递一个匿名函数。这个匿名函数接收了一个称为 x 的参数。参数 x 是当前矩阵元素的一个引用。这时我们对每一个 x 的值都加 1。

假设想做一些更有趣的事,比如把矩阵中的所有偶数置零。可以这样做:

```
> apply(m,c(1,2),function(x){if((x %% 2) = = 0) x < - 0 else x < - x})
     [,1] [,2] [,3] [,4] [,5] [,6] [,7] [,8] [,9] [,10]
[1,]   1    5    9   13   17   21   25   29   33   37
[2,]   0    0    0    0    0    0    0    0    0    0
[3,]   3    7   11   15   19   23   27   31   35   39
[4,]   0    0    0    0    0    0    0    0    0    0
```

为了清晰起见,让我们分析下正在应用的函数。我们只需要检查一下当前的元素是否是偶数,能否被 2 整除。如果它是偶数,则将它设为 0;如果不是,则保持原值。

```
function(x){
    if((x%%2) = =0)
        x <-0
    else
        x <-x
}
```

函数

说到函数，在 R 中创建函数的语法和大多数其他语言一样。使用 function 关键字，给函数一个名字，在圆括号里指定参数，然后用大括号括起函数体的主体。

```
function[function name]([argument])
{
    [body of function]
}
```

有趣的是，R 认可…参数（有时称为点参数）。这允许我们将参数的可变数量传给一个函数。在这个函数中，可以转换…参数为一个列表，并可通过遍历列表来检索其中的值。

```
> offset <-function(...){
for(i in list(...)){
      printf(i)
    }
}
> offset(23,11)
[1]23
[1]11
```

我们甚至可以在…参数中存储不同类型（模式）的值。

```
> offset("test value",12,100,"19ANM")
[1]"test value"
[1]12
[1]100
[1]"19ANM"
```

R 使用词法作用域。这就是说，当调用函数并试图引用当前函数域内未被定义的变量时，R 译码器将在创建函数的工作区域中查找这些变量。如果 R 译码器没有在该区域内找到这些变量，就会在父域里查找。

如果在函数 B 中创建一个函数 A，函数 A 的创建区域就是函数 B。例如，看下面的代码段：

```
> x <-10
> wrapper <-function(y){
    x <-99
    c <-function(y){
       print(x + y)
```

```
    }
    return(c)
}
> t <- wrapper()
> t(1)
[1] 100
> x
[1] 10
```

我们在全局空间中创建了一个变量 x，并赋值为 10。创建一个名为 wrapper 的函数，并让它接收一个 y 参数。在 wrapper( )函数中，创建了另外一个叫 x 的变量，它的值为 99。还创建了一个名为 c 的函数。函数 wrapper( )把自变量 y 放到函数 c( )中。c( )函数输出 x + y 的值。最终 wrapper( )函数返回 c( )函数。

创建一个变量 t，并将其设置为 wrapper( )函数的返回值，也就是 c( )函数。当运行 t( )函数，并传递值 1 时，看到它的输出值为 100，因为它是从 wrapper( )函数那里引用变量 x。

能够进入已执行的函数的范围称为闭包。

但是，您可能要问了，如何确定每次运行的是返回函数而不是重新运行的 wrapper( )？R 有一个非常好的特性，如果在没有括号的情况下输入函数的名称，解释器将输出这个函数的主体。

当这样做的时候，我们实际上是在引用返回的函数，并使用闭包来引用 x 变量。

```
> t
function(y){
    print(x + y)
}
<environment:0x17f1d4c4>
```

总结

在这一章，我们下载并安装了 R。探究了命令行，检查了数据类型，并开始运行导入到 R 环境的数据来分析。我们查看了列表，如何创建它们，添加它们，遍历它们，并将函数应用到列表中的元素。

我们研究了函数，讨论了词法作用域，以及如何在 R 中创建闭包。

下一章，我们将深入学习 R，通过 R 中的统计分析查看对象，思考对象，并探索发布在 Web 上的创建 R Markdown 文档。

第3章 深入了解R语言

第2章从控制到输入数据对 R 语言进行了初步介绍和说明。进行了安装程序和讨论数据类型，其中包括各种列表类型，并完成了函数和创建闭包的内容。

这一章，我们将讨论 R 中的面向对象性概念，探索统计分析的概念，最后了解如何将 R 合并到 R Markdown 中，以实现实时分布。

R 中的面向对象程序设计

R 提供两种不同的系统创建对象，分别是 S3 和 S4 方法。S3 是 R 中默认的对象处理方法。到目前为止，我们一直在使用和创建 S3 对象。S4 是 R 中创建对象的新方法，这种方法提供更多的内置验证机制，但是也有更多的开销。下面介绍这两种方法。

传统的基于类的面向对象设计的特征在于创建作为实例化对象蓝图的类（见图3-1）。

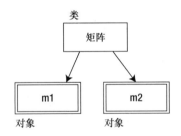

图 3-1　用于创建变量 m1 和 m2 两个矩阵的矩阵类

在传统的面向对象语言中，类可以在传统的面向对象语言中扩展其他类以继承父类的行为，类也可以实现接口，这些接口定义了对象的公共签名应该是什么。有关这方面的示例，请参见图3-2，其中我们创建了一个 IUser 接口，该接口描述了任何用户类型类的公共接口，以及实现该接口的 BaseUser 类，并提供基础功能。在某些语言中，我们可能会使 BaseUser 成为一个抽象类，可以扩展这个类但不能直接实例化。User 和 SuperUser 类扩展了 BaseClass 并定制了现有的功能。

这里还存在多态的概念，可以通过继承链来改变功能。具体地说，我们将从基类继承一个函数，但重载它，保留签名（即函数的名字，它接收的参数的

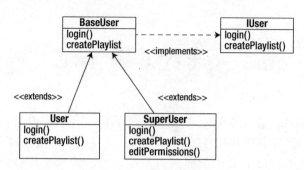

图 3-2　由子类 User 和 SuperUser 扩展的超类 BaseUser 实现 IUser 接口

类型和数量,以及返回值的类型),但需要改变函数的功能。对比重写函数和重载函数的概念,其中函数将具有相同的名字,但具有不同的签名和功能。

S3 类

之所以称为 S3,是因为它最初是在 S 语言的第三版中应用的,它使用了一个称为泛型函数的概念。R 中的一切都是一个对象,每一个对象都有一个称为 class 的字符串属性,表示这个对象是什么。类属性没有校验,所以我们可以改变它的属性。S3 的最主要的问题是缺少校验。如果用户正在使用某一函数时返回一个难懂的错误信息,根据经验,最直接的反应是缺少校验。这个错误信息的产生可能并不是 R 中所检测到的一个错误类型被导入,而是在试图执行传入的函数,并在此过程中某些步骤失败而产生的。

看下面的代码,这里面我们创建了一个矩阵,将类变成一个向量。

```
>m <- matrix(c(1:10),nrow=2)
>m
     [,1][,2][,3][,4][,5]
[1,]   1   3   5   7   9
[2,]   2   4   6   8  10
>class(m) <- "vector"
>m
     [,1][,2][,3][,4][,5]
[1,]   1   3   5   7   9
[2,]   2   4   6   8  10
attr(,"class")
[1]"vector"
```

泛型函数是检查导入对象的类属性的对象,并根据该属性展示了不同的行为。这是实现多态性的一个好方法。通过将泛型函数导入到 method( ) 函数,我们可以看到这个泛型函数使用的方法。下面的代码展示的是 plot( ) 函数的使用方法。

```
> methods(plot)
[1]plot.acf*            plot.data.frame*    plot.decomposed.ts*    plot.default      plot.dendrogram*
[6]plot.density         plot.ecdf           plot.factor*           plot.formula*     plot.function
[11]plot.hclust*        plot.histogram*     plot.HoltWinters*      plot.isoreg*      plot.lm
[16]plot.medpolish*     plot.mlm            plot.ppr*              plot.prcomp*      plot.princomp*
[21]plot.profile.nls*   plot.spec           plot.stepfun           plot.stl*         plot.table*
[26]plot.ts             plot.tskernel*      plot.TukeyHSD
Non-visible functions are asterisked
```

需要注意的是，泛型 plot( ) 函数对于处理传递给它的各种不同的数据有不同的方法，如当在 plot( ) 函数中导入数据帧时，可以调用 plot.data.frame；或者如果我们想要在 plot( ) 函数中绘制 TukeyHSD 对象，plot.TukeyHSD 就已准备好了。

注意 TukeyHSD 可以得到更多关于这个对象的信息。

现在知道了 R 中 S3 面向对象如何工作后，我们看一下如何创建自己的 S3 对象和类。

S3 类是拥有 class 属性的特征和函数的一个列表。这个 class 属性告诉泛型函数如何处理对象来实现一个特别的类。让我们用图 3-2 中的 UserClass 思想创建一个示例。

```
> tom <- list(userid = "tbarker",password = "password123", playlist = c
(12,332,45) )
> class(tom) <- "user"
```

可以使用 attribute( ) 函数检查新的对象，它会告诉我们这个对象的属性和它的类。

```
> attributes(tom)
$ names
[1]"userid" "password" "playlist"
$ class
[1]"user"
```

现在我们创建可以在新类中使用的泛型函数。刚开始创建的函数只能处理用户对象，通过推广后它可以在任何一个类中使用。它将是 createPlaylist( ) 函数，并且它允许用户进行操作和设置播放列表。其句法是 [function name].[class name]。注意我们用美元符号访问 S3 对象的属性。

```
> createPlaylist.user <- function(user,playlist = NULL){
    user $ playlist <- playlist
    return(user)
}
```

需要注意的是，当直接输入到控制台时，R 会跨越几行而不执行输入直到完成表达式。在表达式完成后，它就会被加以编译。如果想要一次性运行多个表达式，可以复制并粘贴到命令行。

可以通过测试来确保它能够正常工作。它应该将输入对象的列表属性设置为输入的向量。

```
> tom <- createPlaylist.user(tom,c(11,12))
> tom
$ userid
[1] "tbarker"

$ password
[1] "password123"

$ playlist
[1]11 12

attr(,"class")
[1]"user"
```

接下来，将 createPlaylist() 函数变成泛型函数。为此，只需创建一个名为 createPlaylist 的函数，并让它接收一个对象和一个值。在函数中，使用 UseMethod() 函数来代表泛函数，并将这个函数导入到特定的 createPlaylist() 函数——createPlaylist.User。

UseMethod() 函数是泛函数的核心，它评估对象，确定泛函数的类，并且分配到正确的特定类函数。

```
> createPlaylist <- function(object,value)
{
    UseMethod("createPlaylist",object)
}
```

现在我们试试看它是否有效：

```
>tom <- createPlaylist(tom,c(21,31))
>tom
$ userid
[1] "tbarker"

$ password
[1] "password123"

$ playlist
[1]21 31

attr(,"class")
[1]"user"
```

完成了!

S4 类

我们看一下 S4 对象。记住 S3 的主要缺陷是缺少校验。S4 通过设置类结构从而弥补了这一缺陷。

首先,用 setClass() 函数创建一个用户类。

1) setClass() 函数的第一个参数是一个字符串,它指明了我们所创建的类的名字。
2) 下一个参数叫作表达式,它是一个命名属性的列表。

```
setClass("user",
representation(userid = "character",
    password = "character",
    playlist = "vector"
)
)
```

我们可以从这个类中创建一个新的对象来测试它,使用 new() 函数来建一个类的新实例。

```
>lynn <- new("user",userid = "lynn",password = "test",playlist = c(1,2))
>lynn
An object of class "user"
Slot "userid":
[1] "lynn"

Slot "password":
```

```
[1] "test"
Slot "playlist":
[1] 1 2
```

非常好!注意对于 S4 对象,使用@符号来引用对象的属性。

```
> lynn@playlist
[1] 1 2
> class(lynn)
[1] "user"
attr(,"package")
[1] ".GlobalEnv"
```

使用 setMethod( ) 函数为该类创建一个泛型函数。我们只需要输入函数的名字和类的名字,然后是一个匿名函数作为泛型函数。

```
> setMethod("createPlaylist","user",function(object,value){
boject@playlist <- value
return(object)
})
Creating a generic function from function 'createPlaylist' in the global environment
[1] "createPlaylist"
>
```

我们试试看:

```
> lynn <- createPlaylist(lynn,c(1001,400))
> lynn
An object of class "user"
Slot "userid":
[1]"lynn"

Slot "password":
[1]"test"

Slot "playlist":
[1] 1001 400
```

成功了!

有些人喜欢 S3 方法的简单和灵活,也有人喜欢 S4 方法的结构,选择 S3 还是 S4 取决于个人爱好。作者本人更喜欢 S3 的间接性,正因为这样,我们将在本书的其余部分使用 S3。在 Google 中的 R 风格入门指南网址是：http：//google-styleguide. googlecode. com/svn/trunk/google-r-style. html。"除非有充足的理由使用 S4 的对象或方法，一般使用 S3 对象和方法"，这句话反应了我们对 S3 的喜爱。

在 R 中用描述性指标做统计分析

现在让我们来看一下统计分析中的一些概念，以及如何在 R 中实现它们。本章中大部分概念可能在大学的介绍性统计学课程中学过，它们是探索和讨论数据的基本概念。

首先，我们先获取一些数据，然后进行统计分析。R 预先加载了大量的数据集，可以作为样本数据来使用。只需要在控制台上简单地输入 data( )，就可以查看可用数据集的列表。您将看到如图 3-3 所示的界面。

图 3-3　R 中的可用数据集

要查看数据集中的内容，可以在控制台中按名称调用它。我们看一下 USArrests

数据集，将在接下来的几个主题中使用到它。

```
> USArrests
```

	Murder	Assault	UrbanPop	Rape
Alabama	13.2	236	58	21.2
Alaska	10.0	263	48	44.5
Arizona	8.1	294	80	31.0
Arkansas	8.8	190	50	19.5
California	9.0	276	91	40.6
Colorado	7.9	204	78	38.7
Connecticut	3.3	110	77	11.1
Delaware	5.9	238	72	15.8
Florida	15.4	335	80	31.9
Georgia	17.4	211	60	25.8
Hawaii	5.3	46	83	20.2
Idaho	2.6	120	54	14.2
Illinois	10.4	249	83	24.0
Indiana	7.2	113	65	21.0
Iowa	2.2	56	57	11.3
Kansas	6.0	115	66	18.0
Kentucky	9.7	109	52	16.3
Louisiana	15.4	249	66	22.2
Maine	2.1	83	51	7.8
Maryland	11.3	300	67	27.8
Massachusetts	4.4	149	85	16.3
Michigan	12.1	255	74	35.1
Minnesota	2.7	72	66	14.9
Mississippi	16.1	259	44	17.1
Missouri	9.0	178	70	28.2
Montana	6.0	109	53	16.4
Nebraska	4.3	102	62	16.5
Nevada	12.2	252	81	46.0
New Hampshire	2.1	57	56	9.5
New Jersey	7.4	159	89	18.8
New Mexico	11.4	285	70	32.1
New York	11.1	254	86	26.1
North Carolina	13.0	337	45	16.1
North Dakota	0.8	45	44	7.3
Ohio	7.3	120	75	21.4
Oklahoma	6.6	151	68	20.0

Oregon	4.9	159	67	29.3
Pennsylvania	6.3	106	72	14.9
Rhode Island	3.4	174	87	8.3
South Carolina	14.4	279	48	22.5
South Dakota	3.8	86	45	12.8
Tennessee	13.2	188	59	26.9
Texas	12.7	201	80	25.5
Utah	3.2	120	80	22.9
Vermont	2.2	48	32	11.2
Virginia	8.5	156	63	20.7
Washington	4.0	145	73	26.2
West Virginia	5.7	81	39	9.3
Wisconsin	2.6	53	66	10.8
Wyoming	6.8	161	60	15.6

>

在R中我们看到的第一个函数是summary()函数，它接收一个对象，并返回以下关键描述性指标，并按列分组。

1）最小值

2）最大值

3）中位数和字符串的频率

4）平均值

5）四分之一

6）四分之三

在summary()函数中使用USArrests数据集。

```
> summary(USArrests)
    Murder          Assault         UrbanPop          Rape
 Min.   : 0.800   Min.   : 45.0   Min.   :32.00   Min.   : 7.30
 1st Qu.: 4.075   1st Qu.:109.0   1st Qu.:54.50   1st Qu.:15.07
 Median : 7.250   Median :159.0   Median :66.00   Median :20.10
 Mean   : 7.788   Mean   :170.8   Mean   :65.54   Mean   :21.23
 3rd Qu.:11.250   3rd Qu.:249.0   3rd Qu.:77.75   3rd Qu.:26.18
 Max.   :17.400   Max.   :337.0   Max.   :91.00   Max.   :46.00
```

可以看到每一个详细的指标和标准偏差。

中位数和平均值

注意数字的中位数是数据集中中间的值，在数据中比它大的值的数量和比它小的值的数量是一样的。若数据集如下所示，则3就是中位数。

1,2,3,4,5

注意，当数据集中是奇数项时，很容易找到中位数。假设数据集中是偶数项，如下：

1,2,3,4,5,6

在这种情况下，我们找出中间的一对3和4，然后得到这两个值的平均值。则中位数是3.5。

为什么中位数很重要？当我们看一个数据集时，通常有异常值，它的值比数据集中的其余数据大得多或小得多。中位数就是为了排除这些异常值，给出更真实的平均值视图。

将这个概念和平均值进行对比，平均数是数据集中所有值的总和除以值的个数，这些值包括异常值，所以平均值会被显著的异常值所扭曲，并非真正代表整个数据集。

例如，看下面的数据集：

1, 2, 3, 4, 30

这个数据集的中间值一直是3，但是平均值是8，由于如下计算：

```
median = [1,2] 3 [4,30]
mean = 1 + 2 + 3 + 4 + 30 = 40
    40 / 5 = 8
```

四分位

中值是数据集的中心，这就意味着中值是四分之二位。四分位是将数据集等分成四份的点。我们可以使用quantile()函数从数据集中找出四分位。

```
> quantile(USArrests $ Murder)
  0%    25%   50%    75%   100%
0.800 4.075 7.250 11.250 17.400
```

summary()函数可以返回四分位，以及最大值、最小值和平均值。以下是对summary()函数的结果做的比较，并突出显示了四分位数。

```
> summary(USArrests)
    Murder         Assault        UrbanPop          Rape
Min.    : 0.800  Min.    : 45.0  Min.    :32.00  Min.    : 7.30
1st Qu. : 4.075  1st Qu. :109.0  1st Qu. :54.50  1st Qu. :15.07
Median  : 7.250  Median  :159.0  Median  :66.00  Median  :20.10
Mean    : 7.788  Mean    :170.8  Mean    :65.54  Mean    :21.23
3rd Qu. :11.250  3rd Qu. :249.0  3rd Qu. :77.75  3rd Qu. :26.18
Max.    :17.400  Max.    :337.0  Max.    :91.00  Max.    :46.00
```

标准偏差

说到平均值的概念,这里还有一个概念就是数据呈正态分布,或者说数据通常集中平均值周围,在平均值的上方或下方分布。这就是如图3-4所示的贝尔曲线,这个曲线中平均值在曲线的最高处,异常值就分布在曲线的两端(见图3-4)。

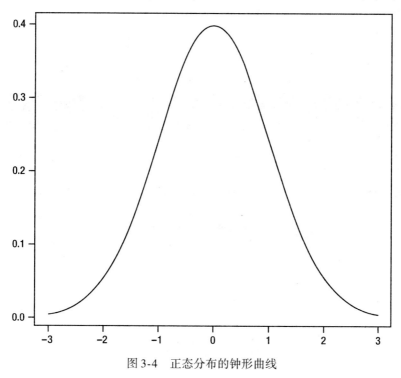

图3-4 正态分布的钟形曲线

标准偏差是一种量度标准,用以衡量数据值偏离算术平均值的程度,所以我们可以用标准偏差详述每一个数据点到平均值之间的距离。

在R中,可以使用sd()函数来确定标准偏差。sd()函数需要一个数值的向量。

```
> sd(USArrests $ Murder)
[1] 4.35551
```

如果我们想要得到一个矩阵的标准偏差,可以将apply()函数应用到sd()函数中,如下所示:

```
> apply(USArrests, sd)
   Murder    Assault   UrbanPop      Rape murderRank
 4.355510  83.337661  14.474763  9.366385  14.574930
```

RStudio IDE

如果您喜欢在集成开发环境（IDE）中开发，而不是在命令行中开发，您可以使用一个名为 RStudio IDE 的免费产品。RStudio IDE 是由 RStudio 公司制作的，而它不仅仅是一个 IDE（以后您会看到）。RStudio 公司是由 ColdFusion 的创始人 JJ Allaire 创立的。RStudio IDE 可以在网站 http://www.rstudio.com/ide/ 上下载（图 3-5 所示为下载页的屏幕截图）。

图 3-5　RStudio IDE 主页

注意：您应该现在安装 RStudio IDE，因为在接下来的章节中会使用它。

安装后，IDE 可分成四个区域（见图 3-6）。

左上方窗口是 R 脚本文件，在那里可以编辑 R 源代码。左下方窗口是 R 命令行。右上方侧面窗口显示命令行的历史和当前我们工作区中的所有对象。右下方窗口分割成可以显示以下内容的选项卡：

1）当前工作目录的文件系统内容。
2）已经生成的图或表。
3）当前安装包。
4）R 帮助页面。

在一个空间拥有所有需要的东西很好，事情在这里变得很有趣。

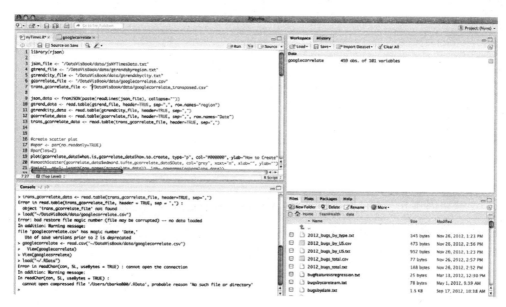

图 3-6　标注

R Markdown

在 RStudio 的 0.96 版本中，团队宣布使用 knitr 程序包来支持 R Markdown。可以在 Markdown 文档中嵌入 R 语言，这样就可以通过 knitr 编译成 HTML。甚至会变得更好。

RStudio 公司还制作了一个名为 RPubs 的产品，它允许用户创建账户并在 Web 上发布 R Makedown 文件。

注意：Markdown 是一个由 John Gruber 和 Aaron Swartz 创建的纯文本标记语言。在 Markdown 中，您可以使用简单的而又少量的文本编码来表示格式。Markdown 文档读入和编译并输出一个 HTML 文件。

Markdown 语法的简要概述如下：

```
header 1
=========

header2
------------------

###header 3


####header 4
*italic*
```

```
* * bold * *

[ link text ] ( [ URL ] )
! [ alt text ] ( [ path to image ] )
```

关于 R Markdown 的伟大之处在于我们可以在 Markdown 文件中嵌入 R 代码。嵌入 R 使用三个点符号和在中括号中的字母 r。

```
...{r}
[ R code ]
...
```

开始创建 R Markdown（.rdm）文件前，我们需要准备三件事：

1）R

2）R Studio IDE 的 0.96 版本或更高版本

3）knitr 程序包

knitr 程序包将 R 重新格式化为几种不同的输出格式，包括 HTML、Markdown 或者纯文本格式。

注意： 关于 knirt 程序包的信息，请登录 http：//yihui.name/knitr/。

因为已经安装好了 R 和 RStudio IDE，所以再安装 knitr。RStudio IDE 有一个很友好的界面去安装程序包：只需到"工具"文件菜单并单击 Install Packages。您会看到如图 3-7 所示的弹出框口，在这里可以定义程序包的名字（在这里，R Studio IDE 有一个不错的类型，用于安装包发现）和所要安装列的库。

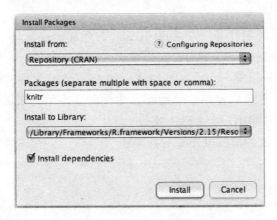

图 3-7 安装 knitr 程序包

knitr 安装后，需要关闭并重启 RStudio IDE。然后到"文件"菜单选择 File ▶ New，这里能看到大量的选项，包括 R Markdown。如果选择 R Markdown，会看到了一个如图 3-8 所示模板的新文件。

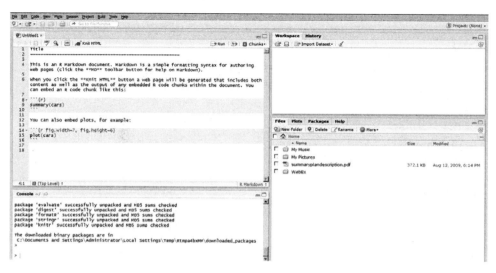

图 3-8　RStudio IDE 界面

R Markdown 模板具有如下代码：

Title
==
This is an R Markdown document. Markdown is a simple formatting syntax for authoring web pages
(click the **MD** toolbar button for help on Markdown).
When you click the **Knit HTML** button a web page will be generated that includes both content as
well as the output of any embedded R code chunks within the document. You can embed an R code chunk
like this:
...{r}
summary(cars)
...

You can also embed plots, for example:

...{r fig.width=7, fig.height=6}
plot(cars)
...

就是这个模板，当单击 knit HTML 按键时，您会看到如图 3-9 所示的输出。
您注意到图 3-9 顶部的 Publish 按键了吗？这就是我们如何把 R Markdown 文

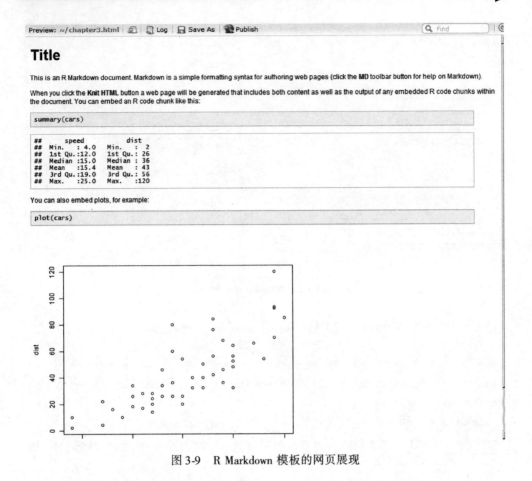

图3-9 R Markdown 模板的网页展现

件放到 RPubs 来储存和发布在 Web 上。

RPubs

RPubs 是由 RStudio 公司提供的 R Markdown 文件免费发布平台。您可以通过 http：//www.rpubs.com 创建一个免费的账户。RPubs 主页如图 3-10 所示。

只需单击 Register 按键并填表，就可以创建您自己的免费账户。RPubs 是很有用的；我们可以在这个平台上传并发布 R Markdown 文档。

注意：每一个发布在 RPubs 上的文件都是公开的，所以必须确信其中没有任何敏感或专有信息。如果不想把 R Markdown 中的文件被所有人看到，您可以单击 Publish 按键右边的 Save As 按钮，保存为常规的 HTML 文件。

单击 Publish 按键之后，会提示登录您的 RPubs 账户。登录之后，您将直接进入 Document Detailes 页面，如图 3-11 所示。

第 3 章 深入了解 R 语言

图 3-10　RPubs 主页

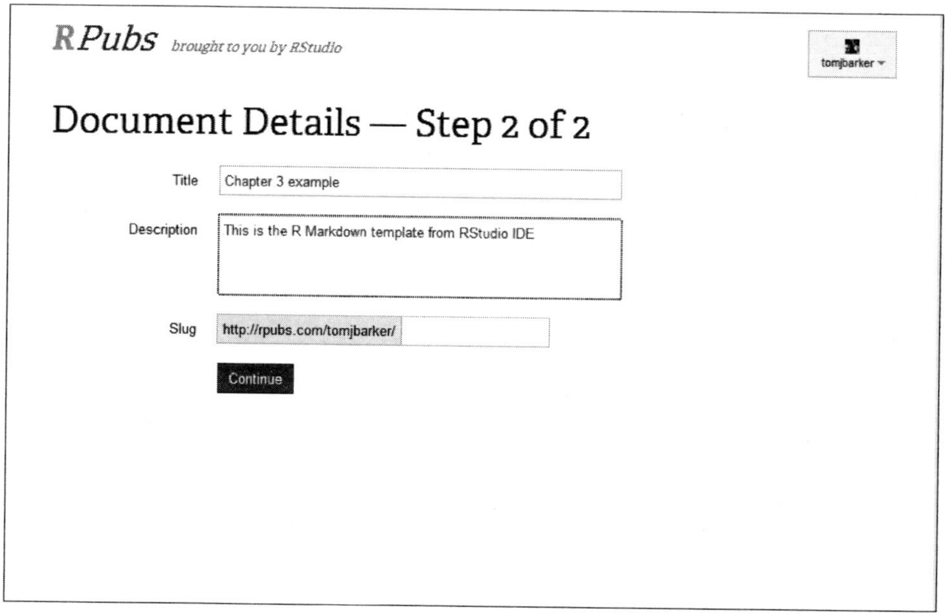

图 3-11　发布到 RPubs

在填写完文档的详细信息、文档标题和描述之后，您将直接进入到 RPubs 里储存的文档。看如图 3-12 所示的模板请到 http：//www.rpubs.com/tomjbarker/3370，该模板在 RPlubs 中存储并公开，来源如图 3-9 所示。

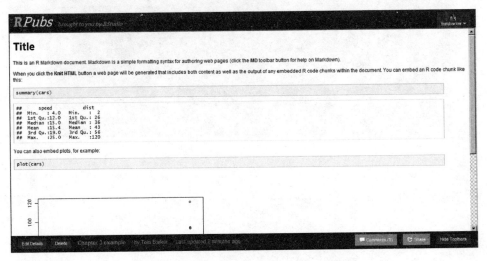

图 3-12　发布到 RPubs 的 R Markdown 模板

对 R 文档和交流数据可视化来说这是一个很有力的贡献方法。在下一章，我们将把完整的 R 图表发布到 RPubs 上供大家使用。

总结

这一章探索了 R 中一些更深层次的概念，从面向对象设计的不同模型到如何用 R 做统计分析。我们甚至看到了如何在 R 中用 R Markdown 和 RPubs 使数据可视化公开发布。

下一章，我们将学习 D3，它是一个 JavaScript 库，可以在浏览器中分析和可视化数据，并将交互性添加到可视化中。

第4章 用D3进行数据可视化

到目前为止，我们一直在讨论使用 R 创建数据可视化的技术。之前用了两章来探索 R 环境和学习有关的命令行。我们介绍的 R 语言主题有：数据类型、函数和面向对象编程。还谈论了如何使用 RPubs 将 R 文档发布到 Web 上。

这一章我们将看到一个称为 D3 的 JavaScript 库，它可用来创建交互式数据可视化。首先对 HTML、CSS 和 JavaScript 支持的 D3 语言进行快速入门。接着，我们将深入了解 D3，并探索在 D3 中如何创建一些更常用的图表。

基本概念

D3 是一个 JavaScript 库。具体来说，它是用 JavaScript 编写的，并嵌入到 HTML 页面中。我们可以在自己的 JavaScript 代码中调用 D3 中的对象和函数。现在从头开始。下一节不会深入研究 HTML、CSS 和 JavaScript；还会介绍很多其他资源，包括作者本人帮忙编写的基础网站基础。其目的就是对我们直接处理的 D3 概念有一个高水平的阐述。如果您已经对 HTML、CSS 和 JavaScript 比较熟悉，可以直接跳过本章的"D3 历史"这一节。

HTML

HTML 是一种标记语言，实际上它代表超文本标记语言。它是一个描述性语言，由定义了格式和布局的元素组成。这些元素包含有值的各种属性，这些值明确了元素、标签和内容的详细信息。为了解释这部分内容，我们来看一些基本的 HTML 骨架结构，这一章还有很多例子会用到它。

```
<!DOCTYPE html>
<html>
<head></head>
<body></body>
</html>
```

看开始第一行，这是一个文档类型，它告诉浏览器的渲染引擎该设置什么规则。浏览器可以支持多版本的 HTML，而且每个版本在规则设置上都有少许的差别。这个文档类型在这里特别指明的是 HTML5 文档类型。文档类型的另一个例子如下：

```
<!DOCTYPE html PUBLIC "-//W3C//DTD XHTML 1.1//EN"
"http://www.w3.org/TR/xhtml11/DTD/xhtml11.dtd">
```

上面的文档类型为 XHTML1.1。需要注意的是，它指明了文档类型定义的 URL（.dtd）。如果读过 URl 上的纯文本，我们就会看到它是如何解析 HTML 标记的规范。W3C 这里保留了一个文档类型的列表，网址是：http://www.w3.org/QA/2002/04/valid-dtd-list.html。

现代的浏览器架构

现代浏览器是由模块化组建而成，这些模块封装了非常具体的功能。这些模块也可以获得许可，并可嵌入到其他应用程序中。

1）有一个 UI 层，负责绘制浏览器的用户界面，如窗口、状态栏和返回按钮。

2）使用引擎解析、标记和绘制 HTML。

3）有一个网络层来处理网络操作所涉及的 HTML 检索和网页上的所有资源。

4）有一个 JavaScript 引擎来解析和运行页面的 JavaScript。

图 4-1 所示是一个现代浏览器架构的表示图。

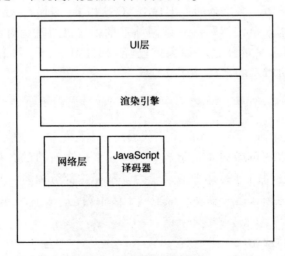

图 4-1　现代浏览器架构

回到骨架 HTML 结构。下一行是 <html> 标签，它是文档根级别的标签，包含了我们将要使用的所有 HTML 元素。注意，在文档的最后一行有一个结束标签。

接着是 <head> 标签，通常它是保存在页面上没有被显示信息的容器（如标题和 meta 信息）。在 <head> 标签后是 <body> 标签，它是包含所有的在页面上将要显示的 HTML 元素的容器（例如，段落）。

```
<p>this is a paragraph</p>
    or links:
<a href="[URL]">link text or image here</a>
    or images:
<img src="[URL]"/>
```

相对谈到的 D3，要编写的大部分 JavaScript 是在主体部分，而大多数的 CSS 是在头部。

CSS

层叠样式表（Cascading Style Sheets，CSS）用于网页上对 HTML 元素进行样式化。样式表包含在 <style> 标签中，或通过 <link> 标签与外部连接，并由样式规则和选择器组成。选择器将 Web 上的元素定位为样式，并且样式规则定义了要应用的样式。

看下面这个例子：

```
<style>
P{
Color: #AAAAAA;
}
</style>
```

在以前的代码片段中，样式表位于"样式"标签中。P 是选择器，它告诉浏览器将每个段落标签锁定在网页上。样式规则包在大括号中，由属性和值组成。举个例子，将所有的段落中文本的颜色设置为#AAAAAA，它是淡灰色的十六进制值。

选择器是 CSS 真正的细微差别所在。因为 D3 还使用 CSS 选择器定位元素。可以通过类或 id 对选择器和目标元素进行非常具体的处理，或者可以使用伪类来定义抽象的概念，例如当元素悬停的时候。我们可以以一个先前的或后来的元素为目标，上浮或下降 DOM。

注意：DOM 的全称为 Document Object Model，它是一个应用程序接口（API），它允许 JavaScript 与网页上的 HTML 元素进行交互。

```
.classname{
/*style sheet for aclass*/
}

#id{
```

```
/*stye sheet for an id*/
}

element:pseudo-class{
}
```

SVG

下面要介绍的 D3 概念是 SVG，它的全称是 Scalable Vector Graphics。SVG 是一种在浏览器中创建矢量图的标准方法，也是 D3 用来创建数据可视化的方法。我们在 SVG 中关注的核心功能是将绘制的图形和文本一起放入 DOM 中，这样我们的图形可以通过 JavaScript 撰写。

注意： 矢量图形是通过渲染引擎精确计算和显示的点和线创建图形。与位图和光栅图相比，它的像素显示可被加以预处理。

SVG 本质上是含有自身文档类型的自身标记语言。我们可以在外部的 .svg 文件或直接在包含 HTML 中的 SVG 标签中写入 SVG。在 HTML 页面中写入过的 SVG 标签允许通过 JavaScript 与图形进行交互。

SVG 支持预定义形状和绘制线条的功能。SVG 中预定义形状如下：

<rect> 画矩形

<circle> 画圆

<ellipse> 画椭圆

<line> 画线，<polyline> 和 <polygon> 可以用多个点来画线。

看一些代码例子。如果把 SVG 写到一个 HTML 文档，使用 <svg> 标签来包含形状。<svg> 包括 xmlns 属性和版本属性。Xmls 属性应是 SVG 命名空间的路径，并且该版本明显是 SVG 版本。

```
<svg xmlns="http://www.w3.org/2000/svg"version="1.1">
</svg>
```

如果编写独立的 .svg 文件，我们将完整的文档类型和 xml 标签包含到页面文件。

```
<?xml version="1.0" standalone="no"?>
<!DOCTYPE svg PUBLIC "-//W3C//DTD SVG 1.1//EN"
"http://www.w3.org/Graphics/SVG/1.1/DTD/svg11.dtd">
<svg xmlns="http://www.w3.org/2000/svg" version="1.1">
</svg>
```

无论是哪种方法，都可在 <svg> 标签中创建形状。让我们在 <svg> 标签中创建一些示例形状。

```
< svg xmlns = " http://www.w3.org/2000/svg " version = "1.1" >
< rect x = "10" y = "10" width = "10" height = "100" stroke = "#000000" fill
= "#AAAAAA" / >
< circle cx = "70" cy = "50" r = "40" stroke = "#000000" fill = "#AAAAAA" / >
< ellipse cx = "230" cy = "60" rx = "100" ry = "50" stroke = "#000000" fill
= "#AAAAAA" / >
</ svg >
```

这个代码产生的形状如图 4-2 所示。

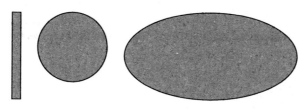

图 4-2 在 SVG 中画一个长方形、圆、椭圆

注意，我们给所有的圆都设定了 x 和 y 坐标（在圆和椭圆的例子中 cx 和 cy 坐标）并填充颜色和轮廓颜色。这只是一个很小的示例；我们也可以创建渐变色和过滤器，并将它们应用到图形中。甚至还可以在 SVG 视图中使用 <text> 标签来创建文本。

来看一下，更新前面的 SVG 代码给每一个图形增加文本标签。

```
< svg xmlns = "http://www.w3.org/2000/svg" version = "1.1" >
< rect x = "80" y = "20" width = "10" height = "100" stroke = "#000000" fill
= "#AAAAAA" / >
< text x = "55" y = "145" fill = "#000000" > rectangle </ text >
< circle cx = "170" cy = "60" r = "40" stroke = "#000000" fill = "#AAAAAA" / >
< text x = "150" y = "145" fill = "#000000" > circle </ text >
< ekkipse cx = "330" cy = "70" rx = "100" ry = "50" stroke = "#000000" fill
= "#AAAAAA" / >
< text x = "295" y = "145" fill = "#000000" > ellipse </ text >
</ svg >
```

这个代码创建的图画如图 4-3 所示。

现在，可以开始看到用这些基本结构单元创建数据可视化的可能性了。因为 D3 是一个 JavaScript 库，我们在 D3 上做的大部分工作都是围绕 JavaScript，在深入了解 D3 之前我们先了解一下 JavaScript。

采用 R 和 JavaScript 的数据可视化

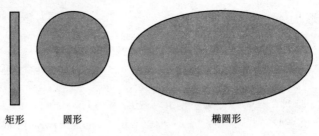

矩形　　圆形　　　　　椭圆形

图 4-3　带有文本标签的 SVG 图形

JavaScript

JavaScript 是 Web 的脚本语言。JavaScript 可以通过在文档中插入脚本标签或链接外部 JavaScript 文档将 JavaScript 引入 HTML 文档中。

```
<script>
//JavaScript goes here
</script>


<script src="pathto.js"></script>
```

JavaScript 可用于处理信息、对事件做出响应并与 DOM 交互。在 JavaScript 中，我们使用 var 关键字创建变量。

```
var foo = "bar"
```

注意，如果不使用 var 关键字，我们创建的变量就会分配到全局范围。我们不想是这样，因为全局变量可以被 Web 页面上的任何代码重写。

JavaScript 看起来非常像其他基于 C 的语言，每个表达式以分号结束，每一个代码块如函数或条件体都用大括号括起来。

条件语句通常是 if else 语句形式，如下：

```
if([conditon]){
[code to execute]
}else{
[code to execute]
}
```

函数的格式如下：

```
function [function name]([arguments]){
[code to execute]
}
```

在 JavaScript 中访问 DOM 元素通常是通过 id 属性引用元素。我们使用 getElementById( ) 函数执行这一操作。

```
var header = document.getElementById("header");
```

上面的代码存储了对 Web 页面上标题 ID 元素的引用。然后我们可以更新这个元素的属性，包括添加新元素或者完全删除元素。

JavaScript 中的对象通常是对象字面值，这意味着我们在运行时可以用属性和方法编写它们。我们创建的对象字面值如下：

```
var myObj = {
myProp: 20,
myfunc: function(){
    }
}
```

我们使用点符号引用对象的属性和方法。

```
myObj.myprop = 10;
```

看，这是多么简洁和快速。好的，去看看 D3！

D3 的历史

D3 表示数据驱动文档（Data-Driven Documents），是一个用于创建交互式数据可视化的 JavaScript 库。D3 的最初想法在 2009 年作为 Protovis 开始出现，由斯坦福可视化团队的 Mike Bostock、Vadim Ogievetsky 和 Jeff Heer 创建。

注：关于斯坦福可视化组的信息，请登录网址：http：//vis. stanford. edu/。Protovis 的原始白皮书网址：http：//vis. stanford. edu/papers/protovis。

Protovis 是一个 JavaScript 库，它提供一个创建不同类型可视化的接口。根命名空间是 pv，它提供一个 API 用来创建条形、点和区域。像 D3 一样，Protovis 使用 SVG 来创建这些形状；但与 D3 不同的是，它将 SVG 调用封装在自己的专有术语中。

2011 年，Protovis 被废止，所以它的创作者可以利用他们的所学，转而专注于 D3。Protovis 和 D3 在理念上存在一些差异。Protovis 旨在为创建数据可视化提供封装功能，D3 是使用现有的 Web 标准和术语简化数据可视化的创建。在 D3 中，通过 D3 语法能更容易在 SVG 中创建矩形和圆。

使用 D3

我们需要做的第一件事就是登陆 D3 网站，http：//d3js. org，下载最新的版本（见图4-4）。

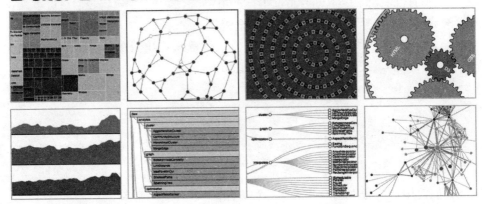

图4-4　D3主页

安装完成后，您可以建立一个项目。

创建一个项目

我们直接将.js文件包括在页面中，如下：

```
<script src="d3.v3.js"></script>
```

根命名空间是d3，从D3发布的所有命令都将用到D3对象。

使用D3

使用select()函数来定位特定的元素或者selectAll()函数来定位所有的特定元素类型。

```
var bodt = d3.select("body");
```

上行选择body标签，将它存储在一个名为body的变量中。如果想要或添加新元素到body中，我们可以改变body的属性。

```
var allParagraphs = d3.select("body").selectAll("p");
```

上行选择 body 标签，然后选择 body 中所有段落标签。

注意，我们在上行将两个动作连接在一起。我们选择 body，然后选择所有的段落，这两个动作可被连在一起。另外请注意，使用 CSS 选择器来指定目标的元素。

好的，一旦选择了一个确认是要选择的元素，就可以对这个选择执行操作，可以像上面的例子对选择器中的元素进行选择。

我们可以用 attr( ) 函数更新选择器的属性。attr( ) 函数接收两个参数：第一个是属性的名称，第二个是属性值。假设想要更改当前文档的背景颜色，我们可以选择 body 并设置 bgcolor 属性。

```
<script>
    d3.select("body")
        .attr("bgcolor","#000000");
</script>
```

注意，在上面的代码段中，我们将链式属性函数调到下一行。这样做是为了提高可读性。

这里真正有趣的是，因为我们讨论的是 JavaScript，在它里面函数是第一个类对象，可以输入一个函数作为某一个属性的值传递给它，以致无论怎么对这属性求值都是一个定值。

```
<script>
    d3.select("body")
        .attr("bgcolor",function(){
        return "#000000";
        });
</script>
```

还可以使用 append( ) 函数在我们的选择中增加元素。append( ) 函数接收一个标签名作为第一个参数。它将创建指定类型的新元素，并返回新的元素作为当前选择。

```
<script>
    var svg = d3.select("body")
        .append("svg");
</script>
```

上面的代码在页面体中创建了一个新的 SVG 标签，并将该选择存储在变量 SVG 中。接下来使用前面关于 D3 的内容重新创建图 4-3 中的形状。

```
<script>
    var svg = d3.select("body")
```

```
            .append("svg")
            .attr("width",800);
var r = svg.append("rect")
    .attr("x",80)
    .attr("y",20)
    .attr("height",100)
    .attr("width",10)
    .attr("stroke","#000000")
    .attr("fill","#AAAAAA")
var c = svg.append("circle")
    .attr("cx",170)
    .attr("cy",60)
    .attr("r",40)
    .attr("stroke","#000000")
    .attr("fill","#AAAAAA")
var e = svg.append("ellipse")
    .attr("cx",330)
    .attr("cy",70)
    .attr("rx",100)
    .attr("ry",50)
    .attr("stroke","#000000")
    .attr("fill","#AAAAAA")
</script>
```

对于每个形状，我们向 SVG 元素中增加一个新的元素并更新属性。

如果比较这两种方法，可以看到，要是只在 D3 中创建 SVG 元素，就像在标记中，直接那样就行。接着，在 SVG 元素中创建 SVG 矩形、圆和椭圆，以及沿用 SVG 标记指定的同一属性。但是，D3 例子有一个非常重要的区别——可交互页面上的每个元素都有引用。

看一下 D3 中的交互。

绑定数据

对于数据可视化，与 SVG 图形最重要的交互是将数据绑定给它们。这样就可以在形状的属性中反映这些数据。为了绑定数据，调用 data() 是一个可选的方法。

```
<script>
    var rect = svg
        .append("rect")
        .data([1,2,3]);
</script>
```

这是相当简单的。接着，可以通过匿名函数引用已绑定的数据，然后传递给 attr( ) 函数调用。来看一个例子。

首先，创建一个名为 dataset 的数组。为了想象它如何与创建一个数据可视化相关联，您可以将 dataset 看作是一个非序列值列表，可能是一个类的测试分数，或者是一些地区的总降雨量。

```
<script>
    Vardataset = [84,62,40,109];
</script>
```

接下来在页面上创建一个 SVG 元素。要做到这一点，选择 body 并增加一个宽度为 800 像素的 SVG 元素。在一个称为 svg 的变量中保留对此 SVG 元素的引用。

```
<script>
    var svg = d3
        .select("body")
        .append("svg")
        .attr("width",800);
</script>
```

这里可以绑定数据改变一些事。我们将根据数据组中元素的多少，将一系列命令组合在一起，这些命令将在 SVG 元素中创建占位符矩形。

我们将首先使用 selectAll( ) 返回 SVG 元素中所有矩形的引用。当前还没有，但是通过一段时间，链条将完成运行。接下来在链式中，我们绑定了 dataset 变量并调用 enter( )。enter( ) 函数的作用是：从绑定的数据中创建占位符对象。最后，调用 append( ) 函数在每个占位符上创建一个矩形，用 enter( ) 创建。

```
<script>
bars = svg
    .selectAll("rect")
    .data(dataSet)
    .enter()
    .append("rect");
</script>
```

如果在浏览器中查看我们的工作，将看到一个空页面，但是，如果用 Web 检查器（如 FireBug）查看 HTML，我们将看到创建的矩形和 SVG 元素，但是没有任何样式或指定的元素，如图 4-5 所示。

接下来，设计刚才创建的矩形。我们引用了变量条中所有的矩形，因此把一系列的 attr( ) 调用连在一起来设计矩形。当这样做的时候，我们使用绑定的数

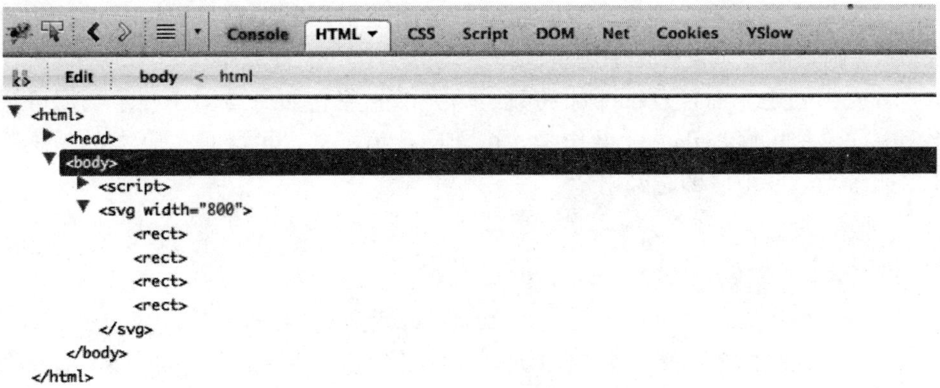

```
▼ <html>
    ▶ <head>
    ▼ <body>
        ▶ <script>
        ▼ <svg width="800">
            <rect>
            <rect>
            <rect>
            <rect>
          </svg>
      </body>
  </html>
```

图 4-5 标注图解

据来设置条形的高。

```
<script>
bars
    .attr("width",15)
    .attr("height",function(x){return x;})
    .attr("x",function(x){return x+40;})
    .attr("fill","#AAAAAA")
    .attr("stroke","#000000");
</script>
```

所有的源码如下所示，并且可以创建如图 4-6 所示的图形。

```
<script>
var dataSet = [84,62,40,109];

var svg = d3
    .select("body")
    .append("svg")
    .attr("width",800);
bars = svg
    .selectAll("rect")
    .data(dataSet)
    .enter()
    .append("rect");
bars
    .attr("width",15)
    .attr("height",function(x){return x;})
```

```
        .attr("x",function(x){return x + 40;})
        .attr("fill","#AAAAAA")
        .attr("stroke","#000000");
</script>
```

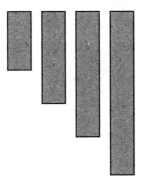

图 4-6 用于条形图的样式矩形

现在，继续看 FireBug，可以看到生成的标记，如图 4-7 所示。

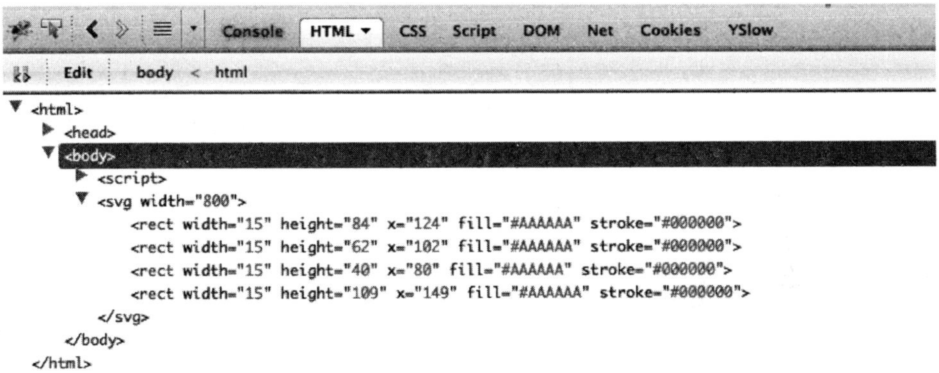

```
<html>
  <head>
  <body>
    <script>
    <svg width="800">
        <rect width="15" height="84" x="124" fill="#AAAAAA" stroke="#000000">
        <rect width="15" height="62" x="102" fill="#AAAAAA" stroke="#000000">
        <rect width="15" height="40" x="80"  fill="#AAAAAA" stroke="#000000">
        <rect width="15" height="109" x="149" fill="#AAAAAA" stroke="#000000">
    </svg>
  </body>
</html>
```

图 4-7 在 FireBug 中将矩形显示为 SVG 源代码

现在，可以真正看到我们在开始阶段如何通过数据绑定到 SVG 形状来开始使用 D3 进行数据可视化。让我们把这个概念更进一步。

创建一个条形图

到目前为止，我们的例子看起来很像条形图的开始，有许多的条状，它们的高度代表数据。以下给出一些结构。

首先，我们给 SVG 容器更具体的宽和高。这很重要，因为 SVG 容器的大小决定了我们用来规范其余图形的规模。并且由于我们将在代码中引用它的大小，要确保将这些值抽象为自己的变量。

我们将为 SVG 容器定义一个高和宽。还将创建一些变量来保存坐标轴上的最小值和最大值，分别为 0 和 109。我们还定义了一个偏移值，这样就可以将 SVG 容器绘制的比图表给定的边距更大一些。

```
<script>
var chartHeight = 460,
chartWidth = 400,
chartMin = 0,
chartMax = 109,
offset = 60
var svg = d3
    .select("body")
    .append("svg")
    .attr("width",chartWidth)
    .attr("height",chartHeight + offset);
</script>
```

接下来，我们需要设置条形的方向。如图 4-6 所示，条形是从顶部向下开始绘制，这样尽管它们的高是精确的，但它们看起来是朝下的，因为 SVG 是从左上角绘制和确定形状的位置。因此，为了让它们正确的定位，让条状看起来像是从图形的低部向上，添加一个 y 属性到条形图中。

y 属性应该是一个引用数据的函数，这个函数从图形高度中减去条形高度值。该函数返回的值是 y 轴坐标使用的值。

```
<script>
bars
    .attr("width",15)
    .attr("height",function(x){return x;})
    .attr("y",function(x){return (chartHeight - x);})
    .attr("x",function(x){return x;})
    .attr("fill","#AAAAAA")
    .attr("stroke","#000000");
</script>
```

将条形图从 SVG 元素的底部翻转。我们可以看到如图 4-8 所示的结果。

现在，让我们按比例缩放这些条形，以适应 SVG 元素的高度。为此，我们将使用 D3 scale( ) 函数。Scale( ) 函数用于在一个范围内取数值，并把不同范围内的数字转换为等效数字，从本质上来说，是将数值换算成等效值。

第 4 章 用 D3 进行数据可视化

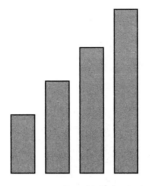

图 4-8 没有反转的条形图

在这个例子中,有一个数字范围来表示在 dataSet 数组中的值的范围,这也表示的是条形的高度,我们希望将这些数字转换为等效值。

```
<script>
Var yscale = d3.scale.linear()
    .domain([chartMin,chartMax])
    .range([0,(chartHeight)]);
</script>
```

接着,我们只需使用 yscal() 函数来更新条形的高度和 y 属性。

```
<script>
bars
    .attr("width",15)
    .attr("height",function(x){return yscale(x);})
    .attr("y",function(x){return (chartHeight - yscale(x));})
    .attr("x",function(x){return x;})
    .attr("fill","#AAAAAA")
    .attr("stroke","#000000");
</script>
```

产生的图像如图 4-9 所示。

非常好!但是到目前为止,我们仅仅是基于它们的高度来放置条形,而不是它们在数组中的位置。我们变化一下,使它们的数组位置更有意义,这样就可以以正确的顺序显示条形。

为此,我们只需更新条形的 x 值。可以看到,可以将匿名函数传递给 attr() 函数的值参数。匿名函数的第一个参数是数组中当前元素的值。如果我们在匿名函数中指定了第二个参数,它将保存当前值的索引号。

然后,我们可以引用该值并将它偏移到每一个条形上。

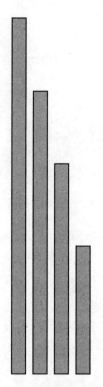

图 4-9　成正比例变化的条形图

```
<script>
bars
    .attr("width",15)
    .attr("height",function(x){return yscale(x);})
    .attr("y",function(x){return (chartHeight - yscale(x));})
    .attr("x",function(x,i){return (i* 20);})
    .attr("fill","#AAAAAA")
    .attr("stroke","#000000");
</script>
```

图 4-10 给我们排序条形展示。仅仅通过目测，我们可以告诉条形图现在代表的更接近于数组中的数据——不仅仅是高度，还有数组中特别定义的高度。

现在，添加一个文本标签，这样就可以看到条形所代表的高度值。

通过创建 SVG 文本元素实现这一点，这和创建条形有很多相似的方法。我们对数据数组中的每一个元素创建文本占位符，接着设计文本元素。可以发现传递给 x 和 y 属性调用的匿名函数对于文本元素来说几乎是一样的，因为它用于条形的，只需要偏移，就可实现文本位于上方，在每个条形的中间。

第4章 用D3进行数据可视化

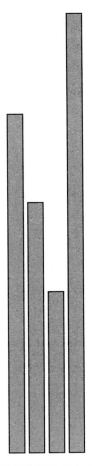

图 4-10　根据数据排序生成的条形图

```
<script>
svg.selectAll("text")
    .data(dataSet)
    .enter()
    .append("text")
    .attr("x",function(d){return (d*20);})
    .attr("y",function(x){return (chartHeight - yscale(x));})
    .attr("dx", -15/2)
    .attr("dy","1.2em")
    .attr("text-anchor","middle")
    .text(function(d){return d;})
    .attr("fill","black");
</script>
```

这个代码产生的图形如图 4-11 所示。

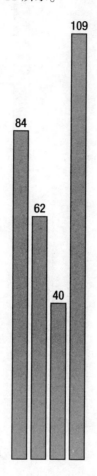

图 4-11　具有文本标签的条形图

看下面完整的源代码：

```
<html>
<head>
<title></title>
<script src="d3.v3.js"></script>
</head>
<body>
<script>
var dataSet = [84,62,40,109];
```

```
var chartHeight = 460,
chartWidth = 400,
chartMin = 0,
chartMax = 109,
offset = 60;
Var yscale = d3.scale.linear()
    .domain([chartMin,chartMax])
    .range([0,(chartHeight)]);

var svg = d3
    .select("body")
    .append("svg")
    .attr("width",chartWidth)
    .attr("height",chartHeight + offset);
bars = svg
    .selectAll("rect")
    .data(dataSet)
    .enter()
    .append("rect");
bars
    .attr("width",15)
    .attr("height",function(x){return yscale(x);})
    .attr("y",function(x){return (chartHeight - yscale(x));})
    .attr("x",function(x,i){return (i* 20);})
    .attr("fill","#AAAAAA")
    .attr("stroke","#000000");
svg.selectAll("text")
    .data(dataSet)
    .enter()
    .append("text")
    .attr("x",function(d){return (d*20);})
    .attr("y",function(x){return (chartHeight - yscale(x));})
    .attr("dx", -15/2)
    .attr("dy","1.2em")
    .attr("text-anchor","middle")
    .text(function(d){return d;})
    .attr("fill","black");
</script>
</body>
</html>
```

最后，从外部文件中读取数据，而不是页面上的硬编码。

导入外部数据

首先，我们从文件中抽出数组，并将其放入它的外部文件：sampleData.csv。sampleData.csv 只是以下内容。

84,62,40,109

接下来，我们将使用 d3.txt( ) 函数载入 sampleData.csv。d3.text( ) 工作的方法是它获得一个外部文件的路径作为第一个参数，并且，作为第二个参数它需要一个函数。该函数接收外部文件的内容参数。

```
<script>
d3.text("sampleData.csv",function(data){});
</script>
```

问题是，在开始对数据进行制图之前，我们需要外部文件的内容。所以在回调函数中，我们将解析文件，然后包含所有存在的函数功能，如：

```
<html>
<head>
<title></title>
<script src="d3.v3.js"></script>
</head>
<body>
<script>
d3.text("sampleData.csv",function(data){
var dataSet = data.split(",");

var chartHeight = 460,
chartWidth = 400,
chartMin = 0,
chartMax = 115,
offset = 60;
var yscale = d3.scale.linear()
    .domain([chartMin,chartMax])
    .range([0,(chartHeight)]);

var svg = d3
    .select("body")
```

```
        .append("svg")
        .attr("width",chartWidth)
        .attr("height",chartHeight + offset);
    bars = svg
        .selectAll("rect")
        .data(dataSet)
        .enter()
        .append("rect");
    bars
        .attr("width",15)
        .attr("height",function(x){return yscale(x);})
        .attr("y",function(x){return (chartHeight - yscale(x));})
        .attr("x",function(x,i){return (i*20);})
        .attr("fill","#AAAAAA")
        .attr("stroke","#000000");
    svg.selectAll("text")
        .data(dataSet)
        .enter()
        .append("text")
        .attr("x",function(d){return (d*20);})
        .attr("y",function(x){return (chartHeight - yscale(x));})
        .attr("dx",-15/2)
        .attr("dy","1.2em")
        .attr("text-anchor","middle")
        .text(function(d){return d;})
        .attr("fill","black");
})
</script>
</body>
</html>
```

  而 CSV 文件并不是唯一可读入的格式。事实上，d3.text( ) 只是语法包装器——一种便利的方法或用于实现 D3 的 XMLHttpRequest 对象 d3.xhr( ) 的特定类型的包装器。

  为方便引用，XMLHttpRequest 对象是 AJAX 事务中使用的内容，可以在不刷新页面的情况下从客户端异步加载内容。在纯理论的 JavaScript 中，我们实例化 XHR 对象，将 Url 传递给资源，以及检索该资源的方法（GET 或 POST）。我们还指定一个回调函数，这样当将 XHR 对象更新时可加以调用。在这个函数中，我们可以解析数据并开始使用它。有关此过程的高级图如图 4-12 所示。

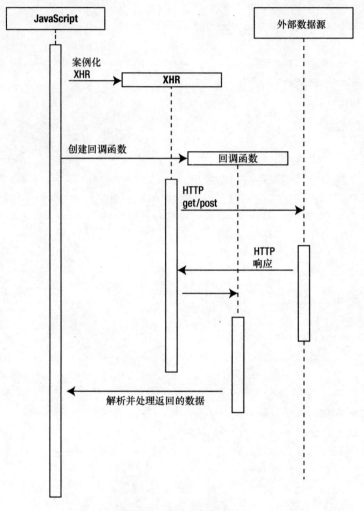

图 4-12　XHR 交易序列图

在 D3 中，d3.xhr( ) 函数是 D3 的 XMLHttpRequest 对象的包装器。它的工作方式与我们刚看到的 d3.text( ) 的工作方式非常相似，我们将 URl 传递给资源并执行回调函数。

D3 的其他特定类型便利函数有 d3.csv( )、d3.json( )、d3.xml( ) 和 d3.html( )。

总结

本章讨论了 D3。首先介绍了 HTML、CSS、SVG 和 JavaScript 的入门概念，至少是与实现 D3 相关的点。从这里开始,我们深入学习 D3,研究了一些介绍性的概念,比如创建了第一个 SVG 形状,通过将这些形状变成一个条形图来扩展观点这个想法。

D3 是一个非常棒的用于制作数据可视化的库。要查看完整的 API 文档网址为:http://giuhub.com/mbostock/d3/wiki/API-Reference。

我们将返回到 D3,但是首先我们将探索一些可以在 Web 开发领域中具有实际应用的数据可视化。第一个我们要看的是我们在 Google 分析仪表盘或类似的内容中看到的——基于用户访问的数据图。

第5章 源自访问日志的空间数据可视化

在第4章，我们讨论了 D3，并根据概念学习使用简单的形状来创建条形图，本书前两章，深入介绍了 R。到此对即将使用的核心技术应该也比较熟悉了，我们开始看一些例子，作为网络开发者，如何创建数据可视化以便在我们的领域传达有用的信息。

首先看到的是在我们的访问日志外创建数据图。

什么是数据地图？

首先，进行级别设定，确保我们清楚地定义了数据地图。数据地图代表的是空间区域的信息与统计数据制图的结合。数据地图是最容易理解并广泛使用的数据可视化方法之一，这是因为其中的数据是用我们熟悉的方式表达的。

回忆第1章我们所讨论的 Jon Snow 在 1854 年创建的霍乱图。这是已知最早的数据图的例子之一，也还有一些同时代其他著名的人制作了数据图，如 19 世纪法国工程师 Charles Minard，1812 年他将拿破仑侵略俄国进行了数据可视化而被广泛熟知。

Minard 还创建了一些经典的数据图。其中两个非常著名的数据图是：法国各地区的所有牲畜消费百分比的数据地图（见图 5-1），另一个是法国的葡萄酒

图 5-1　来自法国 Charles Minard 早期数据地图表示各地区牛肉消费情况

输出路径和目的地的数据地图（见图 5-2）。

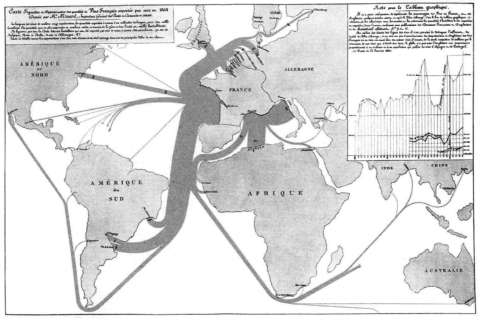

图 5-2　源自 Minard 的数据地图展示葡萄酒出口路径和目的地

如今，数据图无所不在。这些图有丰富的信息量并用很艺术的形式表达出来，如 Fernanda Viegas 和 Martin Wattenberg 的风图项目（见图 5-3）。网址是：http：//hint.fm/wind。

图 5-3　风力地图显示桑迪飓风着陆地区的风速（经 Fernanda Viegas 和 Martin Wattenberg 同意使用）

这个风图项目表明当前全美国的风转移路径和风力。

数据图可以具有深远的意义，比如通过网址 energy.gov 可以看到各州能源的消耗（见图5-4），或者是各州可再生能源的生产情况。

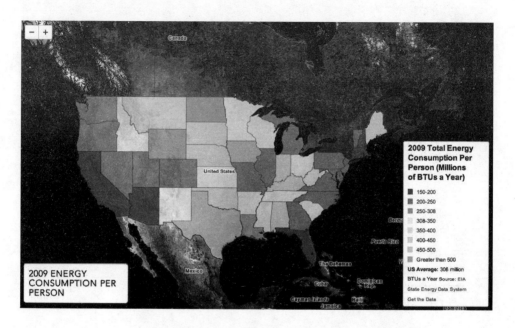

图5-4　描绘各州能源消耗的数据地图，源于 energy.gov（有效地址：
http://energy.gov/maps/2009-energy-consumption-person）

到目前为止，介绍了关于数据图的历史和同时代的一些例子。本章中，将用网络服务器上的访问日志创建自己的数据图。

访问日志

访问日志记录下了网络服务器跟踪资源请求的路径。不论何时，当从服务器请求网页、图片，或者其他任何形式的文件时，服务器为请求设置一个日志入口。每一个请求有与之相联系的数据点，通常是资源请求者的信息（如 IP 地址和用户代理）和其他的信息，如什么时间、请求了什么资源。

我们来看一个访问日志。示例如下：

```
msnbot-157-55-17-199.search.msn.com - - [18/Jan/2013:13:32:15 -0400] "GET /robots.txt HTTP/1.1"404 208 "-" "Mozilla/5.0 (compatible; bingbot/2.0; +http://www.bing.com/bingbot.htm)"
```

这是一个 Apache 访问日志的片段。Apache 访问日志是一个组合的日志格式，它是万维网联盟（W3C）扩展的通用日志格式。通用日志格式的文档信息可以登录：http://www.w3.org/Daemon/User/Config/Logging.html#common-log-file-format。

通用的日志文件形式定义为如下区域所示，信息由制表符隔开：

1) 远程主机的 IP 地址和 DNS 名字。
2) 远程用户的登录名。
3) 远程用户的用户名。
4) 日期签章。
5) 请求，通常包括请求的方法和请求资源的位置。
6) HTTP 状态代码返回请求。
7) 请求资源的所有文件大小。

联合的日志格式增加了推荐人和用户代理字段。Apache 文档的组合日志格式可登录：http://httpd.apache.org/docs/current/logs.html#combined。

注意，不可用的字段用"—"表示。

现在让我们仔细分析以前的日志条目。

第一个区域是 msnbot-157-55-17-199.search.msn.com。这是一个 DNS 名字，恰好是内置的 IP 地址。我们无法在该域解析 IP 地址，所以现在忽略该 IP 地址。当我们以编程的方式解析日志时，将使用本地 PHP 的 gethostbyname( ) 函数来查找给定域名的 IP 地址。

接下来的两个区域，日志名字和用户为空。

接下来是时间戳：[18/Jan/2013：13：32：15 -0400]。

时间戳之后是请求："GET/robots.txt HTTP/1.1"。如果您还没有从 DNS 名字中猜到它是一个机器人，特别是微软的 msnbot 代替：bingbot。在这个记录中，bingbot 请求的是 robot.txt 文件。

下一个是请求的是总有效荷载。显然，404 是 208 字节。

下一个是破折号来表示来源是空的。

最后是用户代理："Mozilla/5.0（兼容；bingbot/2.0；+http://www.bing.com/bingbot.htm)"，它明确地告诉我们它确实是一个机器人。

到此，您有了访问日志并且了解了它内部的构成，就可以使用每个字段以编程的方式解析它。

解析访问日志

解析访问日志的步骤如下：

1) 读入访问日志。

采用 R 和 JavaScript 的数据可视化

2）解析它并且得到基于存储的 IP 地址的地理数据。
3）输出我们感兴趣要可视化的区域。
4）读入这些输出并可视化。

我们在前三步中使用 PHP，最后一步使用 R。注意，我们将需要运行 PHP 5.4.10 或更高版本以便成功运行 PHP 代码。

读入访问日志

创建一个名为 parseLogs.php 的 PHP 文档，首先创建 parseLog( ) 函数来读取文件并接收文件的路径。

```
function parseLog($ file){
}
```

在这个函数中，您将编写代码来打开输入文件进行数据读取，遍历文件的每一行直到最后一行。遍历的每一步存储读取的行，保存在变量 $ line 中。

```
$ logArray = array();
  $ file_handle = fopen($ file, "r");
While (! feof($ file_handle)){
    $ line = fgets($ file_handle);
}
fclose($ file_handle);
```

到目前为止，在 PHP 中有相当标准的 I/O 文件功能。在循环中，您将在一个函数中隔离另一个函数，在调用 parseLogLine( ) 函数和其他函数中调用 getLocationbyIP( )。在 parseLogLine( ) 中，分离每行并将它存储在一个数组中。在 getLocationbyIP( ) 中，用 IP 地址来得到地理信息。接着存储返回的数组到一个称为 $ logArray 的更大的组数中。

```
$ lineArr = parseLogLine($ line);
$ lineArr = getLocationbyIP($ lineArr);
$ logArray[count($ logArray)] = $ lineArr;
```

不要忘了在函数头创建 $ logArray 变量。
最终函数应该是这样的：

```
functionparseLog($ file){
$ logArray = array();
$ file_handle = fopen($ file,"r");
while (! feof($ file_handle)){
    $ line = fgets($ file_handle);
```

```
        $ lineArr = parseLogLien($ line);
        $ lineArr = getLocationbyIP($ lineArr);
        $ logArray[count($ logArray)] = $ lineArr;
    }
    fclose($ file_handle);
    return $ logArray;
}
```

分析日志文件

接下来就要具体分析 parseLogLine( ) 函数。创建一个空函数：

```
function parseLogLine($ logLine){
}
```

这个函数将接收访问日志的每一行。

记住，访问日志的每一行是由被空格分开的部分信息组成。首先直观上觉得可能每一个空白位置分离了每一行，但是，它最终以不可取的方法分离用户代理字符串（和潜在的其他区域）。

为了达到目的，一种更清晰的解析方法是使用正则表达式。正则表达式，简称为 regex，是使您能够快速有效地进行字符串匹配。

正则表达式使用特殊的字符来定义这些模式：单个字符、字符文本或者字符集。对正则表达式的深入研究超出了本章的范围，但是一个很好的参考，来了解不同的正则表达式模式是微软的正则表达式快速索引，网址是：http：//madn. microsoft. com/en – us/library/za24scfc. aspx。

Grant Skinner 甚至提供了一个很好的工具来创建和调试规则表达式（见图 5-5），网址是：http：//gskinner. com/RegExr/。

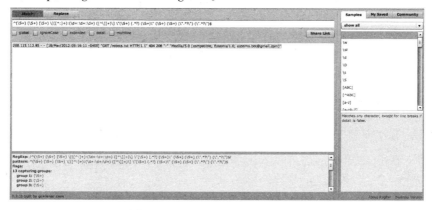

图 5-5　Grant Skinner 的 regex 工具

定义正则表示的模式，并将它存储在 $ pattern 变量中。

如果对正则表达式不熟练，可以用 Grant Skinner 的工具创建（见图 5-5）。使用这个工具，可以得到下面的模式：

```
$ pattern = "/^(\S+) (\S+) (\S+) \[([^:]+):(\d+:\d+:\d+) ([^
\]]+)\] \"(\S+) (.*?) (\S+)\" (\S+) (\S+) (\".*?\") (\".*?
\") $/";
```

在这个工具中，可以看到它是如何将字符串进行分组的（见图 5-6）。

```
match: 208.115.113.85 - - [18/Mar/2012:05:16:11 -0400]
"GET /robots.txt HTTP/1.1" 404 208 "-" "Mozilla/5.0
(compatible; Ezooms/1.0; ezooms.bot@gmail.com)"
index: 0
length: 147
groups: 13
  group 1: 208.115.113.85
  group 2: -
  group 3: -
  group 4: 18/Mar/2012
  group 5: 05:16:11
  group 6: -0400
  group 7: GET
  group 8: /robots.txt
  group 9: HTTP/1.1
  group 10: 404
  group 11: 208
  group 12: "-"
  group 13: "Mozilla/5.0 (compatible; Ezooms/1.0;
ezooms.bot@gmail.com)"
```

图 5-6　日志文件的分组

现在有了一个规则表达式。我们使用 PHP 的 preg_ match( ) 函数。它的参数是，一个正则表达式匹配一个字符串，还有一个数组来储存作为匹配模式的输出。

```
preg_match($ pattern, $ logLine, $ logs);
```

从这开始，可以创建一个具有命名索引的关联数组来保存我们的解析行。

```
$ logArray = array();
$ logArray['ip'] = gethostbyname($ log[1]);
$ logArray['identity'] = $ log[2];
$ logArray['user'] = $ log[2];
$ logArray['date'] = $ log[4];
$ logArray['time'] = $ log[5];
$ logArray['timezone'] = $ log[6];
```

第 5 章 源自访问日志的空间数据可视化

```
$ logArray['method'] = $ log[7];
$ logArray['path'] = $ log[8];
$ logArray['protocol'] = $ log[9];
$ logArray['status'] = $ log[10];
$ logArray['bytes'] = $ log[11];
$ logArray['referer'] = $ log[12];
$ logArray['useragent'] = $ log[13];
```

完整的 parseLogLine( ) 函数如下:

```
function parseLogLine($ logLine){
    $ pattern = "/^(\S+) (\S+) (\S+) \[([^:]+):(\d+:\d+:\d+) ([^\]]+)\] \"(\S+) (.*?) (\S+)\" (\S+) (\S+) (\".*?\") (\".*?\")$/";

    preg_match($ pattern,$ logLine,$ logs);

$ logArray = array();
$ logArray['ip'] = gethostbyname($ log[1]);
$ logArray['identity'] = $ log[2];
$ logArray['user'] = $ log[2];
$ logArray['date'] = $ log[4];
$ logArray['time'] = $ log[5];
$ logArray['timezone'] = $ log[6];
$ logArray['method'] = $ log[7];
$ logArray['path'] = $ log[8];
$ logArray['protocol'] = $ log[9];
$ logArray['status'] = $ log[10];
$ logArray['bytes'] = $ log[11];
$ logArray['referer'] = $ log[12];
$ logArray['useragent'] = $ log[13];

return $ logArray;
}
```

接下来实现 getLocationbyIP( ) 函数的功能。

通过 IP 定位

在 getLocationbyIP( ) 函数中,可以利用访问日志解析的每一行所获得的数组,使用 IP 字段获得地理位置;有很多方法可以通过 IP 地址得到地理位置;大多数涉及调用第三方 API 或者下载带有 IP 位置信息的第三方数据库。有些第三方是免费的，有些需要付费。

为了达到目的，我们使用免费的 API，获取地址是 hostip.info。如图 5-7 所示为 hostip.info 的首页。

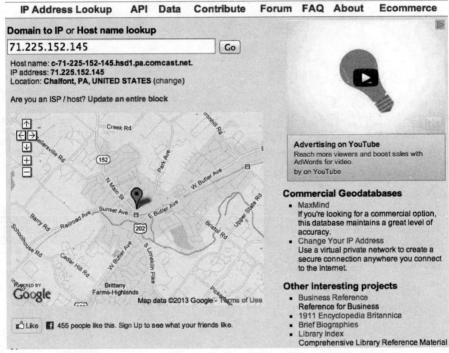

图 5-7 hostip.info 主页

服务聚合来自 ISP 的地理定位信息以及来自用户的直接反馈。它公开了一个 API 以及一个可供下载的数据库。

API 的下载地址是：http://api.hostip.info/。如果没有参数提供，API 返回客户端的地理位置。但是默认返回 XML 文件。返回值如下所示：

```
<?xml version="1.0" encoding="lSO-8859-1"?>
<HostipLookupResultSet version="1.0.1" xmlns:gml="http://
www.opengis.net/gml"
```

```
xmlns:xsi = "http://www.w3.org/2001/XMLSchema-instance"
xsi:noNamespaceSchemaLocation = "http://www.hostip.info/api/hostip-
1.0.1.xsd">
< gml:description > This is the Hostip Lookup Service </gml:
description >
< gml:name > hostip </gml:name >
< gml:boundedBy >
< gml:Null > inapplicable </gml:Null >
</gml:boundedBy >
< gml:featureMember >
< Hostip >
< ip > 71.225.152.145 </ip >
< gml:name > Chalfont, PA </gml:name >
< countryName > UNITED STATES </countryName >
< countryAbbrev)US </ countryAbbrev >
<!--Co-ordinates are available as Ing, lat -->
< ipLocatior >
< gml:pointProperty >
< gml:Point srsName = "http://www.opengis.net/gml/srs/epsg.xml#4326" >
< gml:coordinates > -75.2097, 40.2889 </gml:coordinates >
</gml:Point >
</gml:pointProperty >
</ipLocation >
</Hostip >
</gml:featureMember >
</HostipLookupResultSet >
```

您可以重新定义 API 调用。如果只需要得到国家信息，可以调用 http：//api.hostip.info/country.php。它返回一个国家代码的字符串。如果喜欢 JSON 超过 XML，可以调用 http：//api.hostip.info/get_json.php 并得到如下结果：

```
{"country_name":"UNITED STATES","country_code":"US","city":"Chal-
font, PA","ip":"71.225.152.145"}
```

要指定 IP 地址，请添加参数？ip = xxxx，像这样：
http：//api.hostip.info/get_json.php？ip = 100.43.83.146
好了，我们开始编写函数！
我们将创建一个函数并让它接收一个数组，将 IP 地址从数组中拿出，存储在变量中，将这个变量链接到一个包含 hostip.info API 的路径的字符串中。

```
function getLocationbyIP($ arr){
    $ IPAddress = $ arr['ip'];
    $ IPCheckURL ="http://api.hostip.info/get_json.php?ip=$ IPAddress;"
}
```

将字符串传给当前的 PHP 函数文件 get_content()并存储返回值，变量中调用的 API 的返回值为 jsonResponse。用 PHP 的 json_decode()函数转换返回的 JSON 数据为当前的 PHP 对象。

```
$ jsonResponse = file_get_contents($ IPCheckURL);
$ geoInfo = json_decode($ jsonResponse);
```

接下来从对象中挑出地理数据，并将其添加到传递函数的数组中。城市和国家信息是单个字符串（"Philadelphia, PA"），因此只需要用逗号分开，并在数组中分别保存每个字段。

```
$ arr['country'] = $ geoInfo->{"country_code"};
$ arr['city'] = explode->(",",$ geoInfo->{"city"})[0];
$ arr['state'] = explode->(",",$ geoInfo->{"city"})[1];
```

接下来，我们做一些错误检测，这会使后续过程变得更容易。检查国家字符串是否有值；如果没有，设置为"XX"。当开始在 R 中解析数据时，这将会很有帮助。最终将返回更新后的数组。

```
if(count($ arr['state']) < 1)
    $ arr['state'] = "XX";
return $ arr;
```

完整函数如下：

```
function getLocationbyIP($ arr){
$ IPAddress = $ arr['ip'];
$ IPCheckURL = "http://api.hostip.info/get_json.php?ip=$ IPAddress";
$ jsonResponse = file_get_contents($ IPCheckURL);
$ geoInfo = json_decode($ jsonResponse);
$ arr['country'] = $ geoInfo->{"country_code"};
$ arr['city'] = explode(",",$ geoInfo->{"city"})[0];
$ arr['state'] = explode(",",$ geoInfo->{"city"})[1];
if(count($ arr['state']) < 1)
    $ arr['state'] = "XX";
    return $ arr;
}
```

第5章 源自访问日志的空间数据可视化

最后，创建一个将处理过的数据写入文件中的函数。

输出字段

创建 writeRLog( ) 函数来接收两个参数：包含日志文件的数据和文件的路径。

```
fuction writeRLog( $ arr, $ file){
}
```

创建 writeFlag 变量标签来告诉 PHP 写入或添加数据到文件中。检查文件是否存在；如果存在，则添加内容而非重写覆盖。检查完后，打开文件。

```
writeFlag = "w";
if(file_exists( $ file)){
$ writeFlag = "a"; }
$ fh = fopen( $ file, $ writeFlag) or die("can't open file");
```

接着，循环输入数组；创建一个字符串，包含每个日志入口的 IP 地址、数据、HTTP 状态、国家代码、州和城市；将这个字符串写入到文件。一旦完成了数组的遍历，关闭文件。

```
for( $ x = 0; $ x < count( $ arr); $ x++){
    if( $ arr[ $ x]['country']! = "XX"){
    $ data = $ arr[ $ x]['ip'].",". $ arr[ $ x]['date'].",". $ arr[ $ x]['status'].",". $ arr[ $ x]['country'].",". $ arr[ $ x]['state'].",". $ arr[ $ x]['city'];
    }
    fwrite( $ fh, $ data."\n");
    }
```

完整的 writeRLog( ) 函数应如下所示：

```
function writeRLog( $ arr, $ file){
    $ writeFlag = "w";
    if(file_exists( $ file)){
        $ writeFlag = "a";
    }
```

97

采用 R 和 JavaScript 的数据可视化

```
    $ fh = fopen($ file, $ writeFlag) or die("can't open file");
        for($ x = 0; $ x < count($ arr); $ x++){
            if($ arr[$ x]['country']! = "xx"){
                $ data = $ arr[$ x]['ip'].",". $ arr[$ x]['city'];
            }
            fwrite($ fh, $ data."\n");
        }
fclose($ fh);
echo "log created";
}
```

添加控制逻辑

最终需要创建一些控制逻辑来调用所有已经创建的函数。确认访问日志的路径和输出文件的路径，调用 parseLog()，传送输出到 writeRLog()。

```
$ logfile = "access_log";
$ chartingData = "accessLogData.txt";
$ logArr = parseLog($ logfile);
writeRLog($ logArr, $ chartingData);
```

完整的 PHP 代码如下所示：

```
<html>

<head></head>

<body>
<?php
$ logfile = "access_log";
$ chartingData = "accessLogData.txt";
$ logArr = parseLog($ logfile);
writeRLog($ logArr, $ chartingData);
function parseLog($ file){
    $ logArray = array();
    $ file_handle = fopen($ file, "r");
    While (! feof($ file_handle)) {
        $ line = fgets($ file_handle);
        $ lineArr = parseLogLine($ line);
        $ lineArr = getLocationbyIP($ lineArr);
```

```php
        $logArray[count($logArray)] = $lineArr;
    }
    fclose($file_handle);
    return $lohArray;
}
function parseLogLine($logLine){
    $pattern = "/^(\S+) (\S+) (\S+) \[([^:]+):(\d+:\d+:\d+) ([^\]]+)\] \"(\S+) (.*?) (\S+)\" (\S+) (\S+) (\".*?\") (\".*?\")$/";

    preg_match($pattern, $logLine, $logs);

    $logArray = array();
    $logArray['ip'] = gethostbyname($log[1]);
    $logArray['identity'] = $log[2];
    $logArray['user'] = $log[2];
    $logArray['date'] = $log[4];
    $logArray['time'] = $log[5];
    $logArray['timezone'] = $log[6];
    $logArray['method'] = $log[7];
    $logArray['path'] = $log[8];
    $logArray['protocol'] = $log[9];
    $logArray['status'] = $log[10];
    $logArray['bytes'] = $log[11];
    $logArray['referer'] = $log[12];
    $logArray['useragent'] = $log[13];

    return $logArray;
}
function getLocationbyIP($arr){
    $IPAddress = $arr['ip'];
    $IPCheckURL = "http://api.hostip.info/get_json.php?ip=$IPAddress";

    $jsonResponse = file_get_contents($IPCheckURL);
    $geoInfo = json_decode($jsonResponse);
    $arr['country'] = $geoInfo->{"country_code"};
    $arr['city'] = explode(",", $geoInfo->{"city"})[0];
    $arr['state'] = explode(",", $geoInfo->{"city"})[1];
    return $arr;
}
```

```
functionwriteRLog($ arr, $ file){
    $ writeFlag = "w";
    if(file_exists($ file)){
        $ writeFlag = "a";
    }
    $ fh = fopen($ file, $ writeFlag) or die("can't open file");
    for($ x = 0; $ x < count($ arr); $ x++){
        if($ arr[$ x]['country']! = "xx"){
            $ data = $ arr[$ x]['ip'].",". $ arr[$ x]['date'].",". $ arr[$ x]['status'].",". $ arr[$ x]['country'].",". $ arr[$ x]['state'].",". $ arr[$ x][''city'];
        }
        fwrite($ fh, $ data."\n");
    }
    fclose($ fh);
    ccho "log created";
}
?>
</body>
</html>
```

最终将产生一个结构化的文件，如下所示：

```
157.55.32.94,25/Jan/2013,404,US,WA,Redmond
180.76.6.26,25/Jan/2013,200,CN,,Beijing
213.174.154.106,25/Jan/2013,301,UA,,(Unknown city)
```

这里，我们提供一个访问日志的示例，网址是：http://tom-barker.com/data/access_log。

用 R 创建数据图

到目前为止，我们解析了数据日志，清洗了数据，用位置信息装饰了它，并且创建了一个拥有信息子集的平面的文件，这样就有优化的信息。下一步是将这些数据可视化。

因为要制作地图，所以需要安装地图包。打开 R，从控制台，输入如下：

第 5 章 源自访问日志的空间数据可视化

```
> install.packages('maps')
> install.packages('mapproj')
```

现在，可以开始了！在 R 脚本中为了调用地图包，需要通过调用 library( ) 函数来导入到内存中。

```
library(maps)
library(mapproj)
```

接下来创建一些变量：一个是用来指向格式化的访问日志数据；另一个是列的列表。还要创建第三个变量的 logData，来保存在平面文件中读取的数据帧。

```
logDataFile <- '/Applications/MAMP/htdocs/accessLogData.txt'
logColumns <- c("IP", "date", "HTTPstatus", "country", "state", "city")
logData <- read.table(logDataFile, sep = ",", col.names = logColumns)
```

如果在控制台中输入 logData，将看到数据帧格式如下：

```
> logData    IP          date        HTTPstatus  country  state  city
1     100.43.83.146  25/Jan/2013     404         US       NV     Las Vegas
2     100.43.83.146  25/Jan/2013     301         US       NV     Las Vegas
3     64.29.151.221  25/Jan/2013     200         US       XX     (Unknown city)
4     180.76.6.26    25/Jan/2013     200         CN       XX     Beijing
```

很明显，可以在这里跟踪不同的数据点。首先来看看映射出的流量是来自哪些国家。

映射地理数据

可以从 logData 文件中提取唯一的国家名字开始。将它们存储在名为 country 的变量中。

```
> country <- unique(logData $ country)
```

如果在控制台中输入 country，则数据如下所示：

```
> country
[1] US CN CA SE UA
Levels: CA CN SE UA US
```

101

这是从 iphost.info 得到的国家代码。R 使用不同的国家代码集，所以需要转换 iphost 国家代码为 R 国家代码。可以通过引用函数到国家列表中做到。

使用 sapply( ) 来引用一个自己设计的匿名函数到国家代码的列表。在匿名函数中，删除空白并直接替代国家代码。使用 gsub( ) 函数来替换所有带传递参数的实例。

```
country <- sapply(country, function(countryCode){
#trim whitespaces from the country code
countryCode <- gsub("(^ +)|( +$)", "", countryCode)
if(countryCode == "US"){     countryCode <- "USA"
}else if(countryCode == "CN"){    countryCode <- "China"
}else if(countryCode == "CA"){    countryCode <- "Canada"
}else if(countryCode == "SE"){    countryCode <- "Sweden"
}else if(countryCode == "UA"){    countryCode <- "USSR"   }
})
```

关于以前的源代码有两点需要注意。首先要对每一个国家进行硬编码。当然，这种形式并不好，当深入研究国家数据时，需要使用不同的方法处理这个问题。第二个需要注意的是有一个国家代码"UA"代表 Ukraine，需要把它转换成"USSR"。显然地，自从 1991 年苏联解体以来，地图包没有更新过。

如果在控制台中再次输入 country，将看到：

```
>country
[1] "USA"    "China"   "Canada" "Sweden" "USSR"
```

您接下来使用 match.map( ) 函数对地图包中国家列表进行匹配。match.map( ) 函数在每个元素中创建一个数值向量来对应世界地图上的国家。交叉的元素（国家列表里的国家和世界地图中的国家匹配）已经给它们赋值了——特别是从原始的国家列表得来的索引数字。所以，对 USA 的元素的回应是一个 1，对 Canada 元素的回应是一个 2，等等。没有交叉元素的值是 NA。

```
countryMatch <- match.map("world2", country)
```

我们接着使用 countryMatch 列表创建一个颜色编码的国家匹配。为了做到这一点，简单地引用一个函数来检查每个元素。如果不是 NA，分配给这个元素颜色为#C6DBEF，这是浅蓝色。如果元素是 NA，设置这个元素为白色或者#FFFFFF。保存调用 colorCountry 后的新的列表的结果。

```
colorCountry <- sapply(countryMatch, function(c){
if(! is.na(c)) c <- "#C6DBEF"
else c <- "#FFFFFF"
})
```

现在，我们用map()函数创建第一个可视化！map()函数接收几个参数：

1）第一个是使用的数据库的名字。数据库名字可以是世界，或者是USA国家，或其他国家；每一个与地理区域相关的数据点都可以用map()函数画出来。

2）如果只画出一个大地理数据库的子集，可以指定一个区域选项参数，列出要画出的区域。

3）同样可以指定使用的地图映射。地图映射是在平滑表面上表示三维弯曲空间的基本方法。在R中，有大量的预定义的映射，并且R也支持大量的map-proj包。对于即将制作的世界地图，将使用一个区域映射，它的标示符为"azequalarea"。想要获得更多的地图映射，登录http：//xkcd.com/977/。

4）也可以指定地图的中心点，有经度和纬度，使用方向参数。

5）最后将国家颜色列表传输到即将使用的col参数中。

```
map('world',proj = 'azequalarea',orient = c(41, -74,0),boundary = TRUE,
col = colorCountry,fill = TRUE)
```

这个代码产生的地图如图5-8所示。

图5-8　使用World map的数据地图

> 采用 R 和 JavaScript 的数据可视化

从这个地图中可以看出，独特列表中的国家是蓝色的，而其他国家是白色的，这很好，但我们可以做得更好。

添加纬度和经度

让我们从添加纬度和经度线开始，这将突出地球的曲率，并给出极点的位置。要创建纬度和经度线，首先创建一个新的 map 对象，将 plot 设置为 FALSE，以便 map 不会绘制到屏幕上。把这个 map 对象保存到一个名为 m 的变量。

```
m <- map('world',plot = FALSE)
```

接下来调用 map.grid() 函数并传输存储的映射对象。

```
map.grid(m, col = "blue", label = FALSE, lty = 2, pretty = TRUE)
```

注意：如果在命令窗口中逐行运行这个代码，当输入行时打开 Quartz 图形窗口很重要，R 可以更新图表。如果逐行输入时关闭 Quartz 窗口，plot.new 还没调用，可能会得到错误的描述。或者输入每一行到文本文件，然后将它们复制到 R 命令行。

添加一个尺寸来显示：

```
map.scale()
```

完整的 R 代码如下：

```
library(maps)
library(mapproj)
logDataFile <- '/Applications/MAMP/htdocs/accessLogData.txt'
logColumns <- c("IP", "date", "HTTPstatus", "country", "state", "city")
logData <- read.table(logDataFile, sep = ",", col.names = logColumns)
country <- unique(logData $ country)
country <- sapply(country, function(countryCode){
#trim whitespaces from the country code
countryCode <- gsub("(^ +)|( + $)", "", countryCode)
if(countryCode = = "US"){
countryCode <- "USA"
}else if(countryCode = = "CN"){
countryCode <- "China"
}else if(countryCode = = "CA"){
countryCode <- "Canada"
}else if(countryCode = = "SE"){
```

```
countryCode <- "Sweden"
}else if(countryCode = = "UA"){
countryCode <- "USSR"
}
})
countryMatch <- match.map("world", country)
#color code any states with visit data as light blue
colorCountry <- sapply(countryMatch, function(c){
if(! is.na(c)) c <- "#C6DBEF"
else c <- "#FFFFFF"
})
m <- map('world',plot=FALSE)
map('world',proj='azequalarea',orient=c(41,-74,0),boundary=TRUE,
col=colorCountry,fill=TRUE)
map.grid(m,col="blue", label=FALSE, lty=2, pretty=TRUE)
map.scale()
```

本代码输出的世界地图如图 5-9 所示。

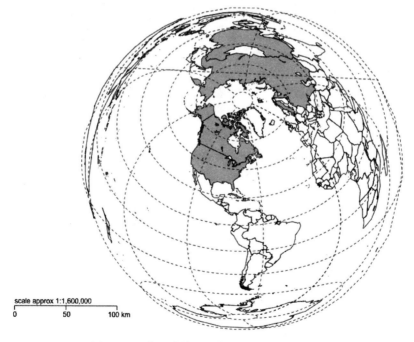

图 5-9 具有经纬线即比例尺的全球数据地图

非常好！接下来，我们深入探究美国各州的情况。

展示地区数据

首先分离美国数据;我们可以选择国家不是"XX"的所有列。还记得在 PHP 中解析访问文件时,设置国家列的值为"XX"。除了美国,其他国家没有与它相关的州数据,所以,我们可以只选择有州数据的行。

```
usData <- logData[logData $ state! = "XX", ]
```

接下要做的就是代替从 hostip. info 得到的州的缩略词的全称,这样我们可以创建一个 math. map 查找列表,这与我们之前做的国家数据非常像。

国家数据的优势在于,R 有一个数据集,其中包含美国 50 个州名、缩写、甚至更深奥的信息,如州和地区(新英格兰、中大西洋等)。有关更多信息,请在 R 控制台中键入 state. name。

我们可以使用数据集中的信息来匹配州的缩写到地图包中所需要的州名字的全称。为此,使用 apply( ) 函数来执行一个匿名函数,通过在 state. abb 数据集查询发现输入的州缩写,接着使用返回值作为索引从 state. names 数据集中检索州名的全称。

```
usData $ state <- apply(as.matrix(usData $ state),1, function(s){
#trim the abbreviation of whitespaces
s <- state.name[grep(s, state.abb)]
})
```

我们实现了与之前国家匹配相同的功能,但这样更方便。如果有需要,可以回到之前去创建国家名称数据集,以便将来使用类似的简单的解决方案。

现在获得了一个州的全称,选择列表中唯一的州名字,并且使用列表来创建一个地图匹配列表(同样,正如我们对国家名所做的那样)。

```
states <- unique(usData $ state)
stateMatch <- match.map("state", states)
```

用州匹配列表,可以接着应用一个函数到列表,在匹配列表中寻找匹配项,没有的元素设置值为 NA,对那些有的元素设置一个漂亮的浅蓝色,没有值的元素设置为白色。将列表保存在变量 colorMatch 中。

```
#color code any states with visit data as light blue

    colorMatch <- sapply(stateMatch, function(s){

    if(! is.na(s)) s <- "#C6DBEF"

    else s <- "#FFFFFF"
})
```

可以使用 colorMatch 调用 map( ) 函数。

map("state", resolution = 0,lty = 0,projection = "azequalarea", col = colorMatch,fill = TRUE)

```
map("state",resolution = 0,lty = 0,projection = "azequalarea",col =
colorMatch,fill = TRUE)
```

但是需要注意的是，只有颜色区域被标识出来，如图 5-10 所示。

图 5-10　仅显示具有州数据的数据地图

我们需要第二个 map( ) 函数来画出剩下的映射。在这个 map( ) 函数中，设置增加的参数为 TRUE，这样我们正在绘制的颜色将添加到当前地图。我们为这幅地图创建一个比例。

```
map("state", col = "black", fill = FALSE, add = TRUE, lty = 1, lwd = 1,
projection = "azequalarea") map.scale()
```

这个代码产生的州图如图 5-11 所示。

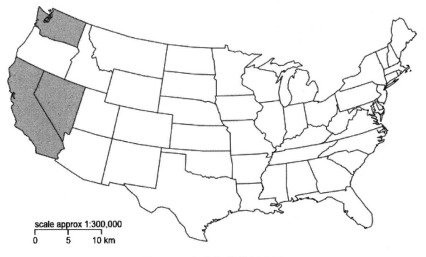

图 5-11　完整的州数据地图

分散式的可视化

现在输入 R 代码到 R Markdown 文件进行分配。进入 RStudio，单击 File ➤ New ➤ R Markdown。我们添加一个标题并确定 R 代码已包含到 {r} 标签中，图表有分配的高和宽。R Markdown 文件代码如下：

```
Visualizing Spatial Data from Access Logs
===========================================================
...{r}
library(maps)
library(mapproj)

logDataFile <- '/Applications/MAMP/htdocs/accessLogData.txt'
logColumns <- c("IP", "date", "HTTPstatus", "country", "state", "city")
logData <- read.table(logDataFile, sep=",", col.names=logColumns)
...
...{r fig.width=15, fig.height=10}
#chart worldwide visit data
# unfortunately there is no state.name equivalent for countries so we must check
#the explicit country names. In the us states below we are able to accomplish this much
#more efficiently
country <- unique(logData$country)
country <- sapply(country, function(countryCode){
  #trim whitespaces from the country code
  countryCode <- gsub("(^ +)|( + $)", "", countryCode)
  if(countryCode == "US"){
    countryCode <- "USA"
  }else if(countryCode == "CN"){
    countryCode <- "China"
  }else if(countryCode == "CA"){
    countryCode <- "Canada"
  }else if(countryCode == "SE"){
    countryCode <- "Sweden"
  }else if(countryCode == "UA"){
    countryCode <- "USSR"
  }
})
```

```
countryMatch <- match.map("world", country)

#color code any states with visit data as light blue
colorCountry <- sapply(countryMatch, function(c){
  if(! is.na(c)) c <- "#C6DBEF"
  else c <- "#FFFFFF"
})
```

```
    m <- map('world',plot = FALSE)
    map('world',proj = 'azequalarea',orient = c(41, -74,0),boundary = TRUE,
    col = colorCountry, fill = TRUE))
    map.grid(m,col = "blue", lable = FALSE, lty = 2, pretty = FALSE)
    map.scale()
    ...
    ...{r fig.width = 10, fig.height = 7}
    #isolate the US data, scrub any unknown states
    usData <- logData[logData $ state! = "XX", ]
    usData $ state <- apply(as.matrix(usData $ state),1, function(s){
    #trim the abbreviation of whitespaces
    s <- gsub("(^ +)|( + $)","",s)
    s <- state.name[grep(s, state.abb)]
    })
    s <- map('state',plot = FALSE)
    states <- unique(usData $ state)
    stateMatch <- match.map("state",states)

    #color code any states with visit data as light blue

        colorMatch <- sapply(stateMatch, function(s){

        if(! is.na(s)) s <- "#C6DBEF"

        else s <- "#FFFFFF"
    })

    map("state", resolution = 0, lty = 0, projection = "azequalarea", col =
    colorMatch, fill = TRUE)
```

```
map("state",col = "black",fill = FALSE,add = TRUE,lty = 1,lwd = 1,projec-
tion = "azequalarea")
map.scale()
```

这个代码阐释的输出如图 5-12 所示，作者本人也创建了一个公开的 R 脚本，网址是：http://rpubs.com/tomjbaarker/3878。

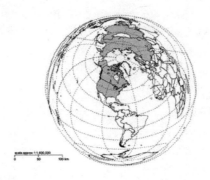

图 5-12　R Markdowm 数据地图

```
<script>
var svg = d3.select("body")
.append("svg")
.attr("width",800);
var r = svg.append("rect")
.attr("x",80)
.attr("y", 20)
.attr("height", 100)
.attr("width", 10)
.attr("stroke", "#000000")
.attr("fill", "#AAAAAA");
```

总结

这一章讨论了通过解析访问日志来产生数据图可视化。在地图中看到了全球国家的数据，也有很多美国的州数据。这是第一次尝试如何将数据带到我们的生活中。

下一章将研究在时间序列图表中的缺陷积压数据。

随时间变化的数据可视化

第 5 章讨论了使用访问日志文件创建数据地图来表示用户所处的地理位置。使用 map 和 mapproj（用于地图投射）包来创建它们的可视化。

这一章将探究创建时序图，时序就是对比数据随时间的推移而变化的图形。通常从左向右排列，x 轴表示时间的轴，y 轴表示的是值的范围。这一章讨论时间变化的可视化缺陷。

随时间推移的跟踪缺陷不仅可以确定问题高峰期，还可以确定工作流中的最大趋势，特别是在包含如 bug 临界值等细致细节以及包含如迭代时间开始和结束日期等交叉参考数据的情况下。我们开始公布一次迭代中 bug 打开时间的趋势、大多数拦截器 bug 打开时间的趋势、以及产生的错误最多时的趋势。这些自我评价和反思让我们可以确定并关注盲区或有待改进的领域。它还可以在没有背景信息的情况下，更大范围确定成功。

例如，团队设定小组目标在年底将 bug 数量控制在特定程度，目标数量是年初时来解决的 bug 总数的百分比。管理部门的同事和我共同指导开发人员实现此目标。我们创建了流程改进，此目标赢得了无数支持，到年底时，仍然未解决的 bug 数量几乎与年初持平。我们非常困惑，但在汇总日常数据后，可清楚地看到我们取得的成就实际上远远超出了最初的预计。与上一年相比，产生的 bug 总数减少了三分之一，这是一个非常了不起的成绩，如果只是以挑剔的眼光看待大目标，那么我们就会错过这一成绩。

搜集数据

创建缺陷时序图的第一步是确定我们要查看和收集数据的日期。这就意味着对给定日期中的所有 bug 进行导出。

这一步完全依靠可能使用的 bug 追踪软件。也许您使用的是 HP 的质量中心，因为它对其他组织的测试需要很有意义（例如可以和 LoadRunner 一起工作）。或许您使用的是基于 Web 的解决方案，例如 Rally，因为您的缺陷管理与用户故事和发布跟踪捆绑在一起。或许您安装了 Bugzilla，因为它是开源和免费的。

无论是哪种情况，所有缺陷管理软件都有各自方式输出当前错误列表。根据使用的 bug 跟踪软件，可以输出一个结构化的文件，如逗号或分隔符的文件。软件允许通过 API 访问它的内容，这样可以创建一个脚本来访问 API 和显示内容。

第6章 随时间变化的数据可视化

无论哪种方法，在观察错误随时间的变化，有两种主要方式：
1）按日期运行所有的 bug。
2）随日期产生的新 bug。

无论哪种情况，当我们从 bug 跟踪软件输出时，关心的最小范围如下所示：
1）数据开启
2）缺陷 id
3）缺陷状态
4）缺陷的严重情况
5）描述缺陷

输出的 bug 数据应如下所示：

```
Date, ID, Severity, Status, Sumary
01-08-2013, DE45095, Minor, Open, alignment of left nav off
01-08-2013, DE45269, Blocker, Open, videos not playing
```

处理数据可以让它可视化。

使用 R 语言进行数据分析

首先，读取数据并对数据排序。假设输出数据到一个称为 allbug.csv 的纯文本文件。可以读取如下数据（我们已经提供简单的数据，网址是：http://www.tom-barker.com/data/allbug.csv）：

```
bugExport <- "/Applications/MAMP/htdocs/allbugs.csv"
bugs <- read.table(bugExport, header = TRUE, sep = ",")
```

通过日期对数据进行排序，为了做到这一点，我们必须使用 as.Date() 函数将读入时为字符串的日期列转换为日期对象。as.Date() 函数用一些符号表示如何读和构建时间对象，见表6-1。

表6-1 as.Date() 函数符号

符号	含义
%m	月份数字
%b	月份名称字符串、缩字
%B	全月份名称字符串
%d	日期数字
%a	周日缩写字符串
%A	全周日字符串
%y	年份表达为两位数字
%Y	年份表达为四位数字

所以，对日期"04/01/2013"，输入"%m%d%Y"；对于"Apirl 01，13"，输入"%B%d,%Y"。可以看到模式是如何匹配的。

```
as.Date(bugs $ Date,"%m-%d-%Y")
```

我们将在order()函数中使用转换过的日期，函数将从bug数据帧中返回一个数字索引的列表，数据帧中的值是根据正确方式排序的。

```
> order(as.Date(bugs $ Date,"%m-%d-%Y")) [1] 13 14 2 3 16 17 18 19 20
21 22 23 24 25 26 27 28 4 29 32 34 31 33 30 35 15 37 6 7 38 8 9 39 10 11 40 12 41
42 43 45 15 36 44 47 48 49 46 50 51 52 53 54
```

最终我们将使用order()函数的结果作为bug数据帧的索引，并将结构返回到bug数据帧中。

```
bugs <- bugs[order(as.Date(bugs $ Date,"%m-%d-%Y")),]
```

这个代码记录了基于order()函数返回索引排序的bug数据帧。分割数据将变得简单。数据帧现在应该是一个按时间顺序排列的bug列表，它可能如下所示：

```
>bugs
Date ID Severity Status Summary
13 01-04-2013 46250 Minor Open Data not showing 14 01-04-2013 46253
Minor Open Page unavailable 2 01-08-2013 45095 Minor Open Font color
incorrect 3 01-08-2013 45269 Blocker Open Pixel alignment off
```

我们将这个新顺序列表返回到将引用的名为allbugOrdderd.csv的新文件中（以下提供一个简单地数据，网址是：http：//www.tom-barker.com/data/allbugsOrdered.csv）。

```
write.table(bugs, col.names = TRUE, row.names = FALSE, file = "/Applications/MAMP/htdocs/allbugsOrdered.csv", quote = FALSE, sep = ",")
```

当在D3中看到的数据时，它会派上用场。

计算错误的数量

接下来，根据日期计算bug总数。这将显示每天产生多少个新bug。

为了做到这一点，将bug $ Date导入到table()函数中，table()函数将在bug数据帧内，建立按日期计数的数据结构。

```
totalBugsByDate <- table(bugs $ Date)
```

所以totalBugsByDate结构如下所示：

第6章 随时间变化的数据可视化

```
> totalBugsByDate
```

2013-01-04 2013-01-08 2013-01-09 2013-01-10 2013-01-14 2 4 5 3 1

让我们绘制此数据，了解每天有多少 bug 产生：

```
plot(totalBugsByDate, type = "l", main = "New Bugs by Date", col = "red",
ylab = "Bugs")
```

这个代码创建的图形如图 6-1 所示。

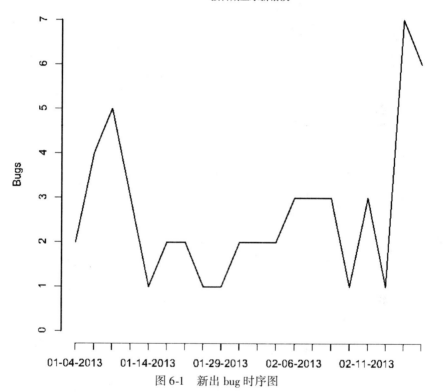

图 6-1　新出 bug 时序图

现在获得了每天产生的 bug 数量，接下来就可以使用 cumsum( ) 函数获得总计数。它计入每天新产生的 bug 数创建变动的总数，并更新每天的总数。它就允许我们生成一个随时间累积的趋势线。

```
> runningTotalBugs <- cumsum(totalBugsByDate)
>
> runningTotalBugs 01-04-2013 01-08-2013 01-09-2013 01-10-2013
01-14-2013 01-16-2013 2 6 11 14 15 17
```

我们需要呈现 bug 每日的升降趋势。为此，将 runningTotalBugs 导入到 plot( )

115

函数中。设置类型为'l',表明正在创建的折线图,表名为"随时间的累积缺陷"。在 plot*() 函数中坐标轴可以去掉,这样我们就可以自己定义坐标轴。自己定义坐标轴时可以指定时间为 x 轴标签。

使用 axis() 函数自定义坐标。Axis() 函数的第一个参数表明坐标位置:
1)对应图表 x 轴底部。
2)代表在图表的左边。
3)代表是在图表的上面。
4)代表是在图表的右边。

```
plot(runningTotalBugs, type = "l", xlab = "", ylab = "", pch = 15, lty = 1,
col = "red", main = "Cumulative Defects Over Time", axes = FALSE)
axis(1, at = 1: length(runningTotalBugs), lab = row.names(totalBugsBy-
Date))
axis(2, las = 1, at = 10* 0:max(runningTotalBugs))
```

上面代码产生的时序图表如图 6-2 所示。

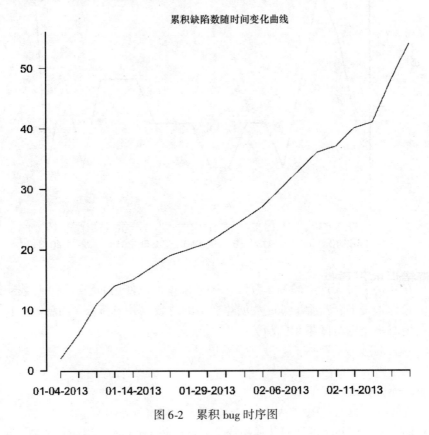

图 6-2　累积 bug 时序图

这显示了随日期变化的 bug 累积。

完整的 R 代码如下：

```
bugExport <- "/Applications/MAMP/htdocs/allbugs.csv"
bugs <- read.table(bugExport,header = TRUE, sep = ",")
bugs <- bugs[order(as.Date(bugs $ Date,"%m-%d-%Y")),]

sprintDates <-"/Applications/MAMP/htdocs/iterationdates.csv"
sprintlnfo <- read.table(sprintDates, header = TRUE, sep = ",")
#output ordered list to new flat file
write.table(bugs, col.names = TRUE, row.names = FALSE, file = "/Applications/MAMP/htdocs/allbugsOrdered.csv",quote = FALSE, sep = ",")
totalBugsByDate <- table(factor(bugs $ Date))
plot(totalBugsByDate, type = "l", main = "New Bugs by Date", col = "red")
runningTotalBugs <- cumsum(totalBugsByDate)
plot(runningTotalBugs, type = "l", xlab = "", ylab = "", pch = 15, lty = 1,
col = "red",
main = "Cumulative Defects Over Time", axes = FALSE)
axis(1, at = 1: length(runningTotalBugs), lab = row.names(totalBugsBy-
Date))
axis(2, las = 1,at = 10 * 0:max(runningTotalBugs))

write.table(totalBugsByDate, col.names = TRUE, row.names = FALSE, file
= "/Applications/MAMP/htdocs/runningTotalBugs.csv"quote = FALSE, sep
= ",")
```

来看一下这些 bug 的危害程度，这不仅显示了 bug 何时出现，还显示了最严重（或非严重）的 bug 何时出现。

检查错误的严重性

记住，当导出错误数据时，包括了 Severity 字段，它表示各 bug 的临界程度，每个团队和组织可能有自己的严重度分类。但是通常包括以下几种：

1) Blocker：妨碍重要工作环节启动的严重 bug，这些 bug 通常是错误的函数或广泛使用的功能部分缺失。此类 bug 也可能是与合同或法律约束不符的功能，例如内置字幕或数字版权保护。

2) Critical：尽管严重，但破坏力不足以妨碍某个版本发布的 bug。可能是较为不常见的 bug 功能错误，可访问性范围或功能的使用范围通常是指将 bug 分类为 Block 或 Critical 的决定因素。

3) Minor：影响力较小，可能甚至不会被用户注意到的 bug。

按严重度分类 bug，只需调用 table( ) 函数，就像按日期分类 bug 一样，但这一次要加入 Severity 列。

```
bugsBySeverity <- table(factor(bugs $ Date),bugs $ Severity)
```

这个代码创建的数据结构如下所示：

```
         Blocker Critical Minor
01-04-2013     0        0     2
01-08-2013     1        0     3
01-09-2013     3        0     2
01-10-2013     1        0     2
01-14-2013     0        0     1
01-16-2013     1        0     1
01-22-2013     1        0     1
```

我们可以绘制这些数据对象。使用的 plot( ) 函数对各列创建一个图表，接着使用 lines( ) 函数对剩余的列在图上画出线条。

```
plot(bugsBySeverity[,3], type = "l", xlab = "", ylab = "", pch = 15, lty =
1, col = "orange", main = "New Bugs by Severity and Date", axes = FALSE)
lines(bugsBySeverity[,1], type = "l", col = "red", lty = 1)
lines(bugsBySeverity[,2], type = "l", col = "yellow", lty = 1)
axis(1, at = 1: length(runningTotalBugs), lab = row.names(totalBugsBy-
Date))
axis(2, las = 1, at = 0:max(bugsBySeverity[,3]))
legend("topleft", inset = .01, title = "Legend", colnames(bugsBySeveri-
ty), lty = c(1,1,1),
col = c("red", "yellow", "orange"))
```

该代码产生的图表如图 6-3 所示。

图 6-3 中的图效果较好，但是如果想查看根据严重度汇总的 bug 又该怎么办呢？我们可以简单地使用之前的 R 代码，不再绘制各列，而是直接测绘各列的总计数据。

第6章 随时间变化的数据可视化

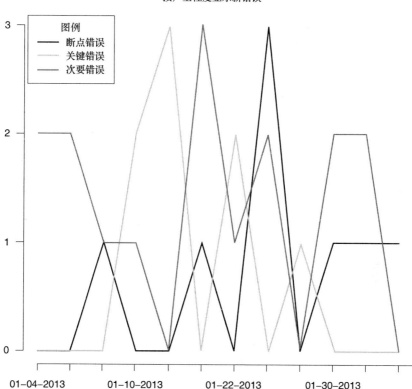

图 6-3 用 plot( ) 和 lines( ) 函数绘制的新出 bug 严重程度图

```
plot(bugsBySeverity[,3], type = "l", xlab = "", ylab = "", pch = 15, lty =
1, col = "orange", main = "Running Total of Bugs by Severity", axes =
FALSE)
lines(cumsum(bugsBySeverity[,1]), type = "l", col = "red", lty = 1) lines
(cumsum(bugsBySeverity[,2]), type = "l", col = "yellow", lty = 1) axis(1,
at = 1: length(runningTotalBugs), lab = row.names(totalBugsByDate))
axis(2, las = 1, at = 0:max(bugsBySeverity[,3])))
legend("topleft", inset = .01, title = "Legend", colnames(bugsBySeveri-
ty), lty = c(1,1,1),
col = c("red", "yellow", "orange"))
```

这个代码产生的图表如图6-4所示。

我们在RPubs上发布了目前为止讨论的所有R代码，网址是http://rpubs.com/tomjbarker/4169。

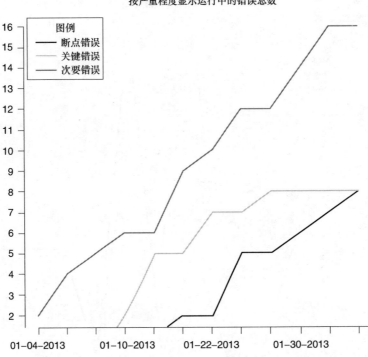

图6-4 运行中总bug严重程度图

用D3添加交互性

在以前的例子中这是一个很好的方法去可视化和发布与创建缺陷相关的信息。但是，如果我们能更进一步，让可视化的使用者深入到他们感兴趣的数据点时该怎么办？假设我们想让用户鼠标停在时间序列的某个点上，并查看组成该数据点的所有bug列表，可以用D3，让我们看看吧！

首先，创建一个新的基于HTML构架的文件，引用D3.js，并将其保存在timeseriesGranular.html中。

```
<html>
<head></head>
<body>
<script src="d3.v3.js"></script>
</body>
</html>
```

第6章 随时间变化的数据可视化

接着，我们在新的脚本标记中设置一些初始数据。我们创建一个对象来保存图形的边距数据、以及高度和宽度。我们还创建了一个 D3 时间格式标示符来转换数据，将读入的字符串转换为一个本地数据对象。

```
<script>
var margin = {top: 20, right: 20, bottom: 30, left: 50},
    width = 960 - margin.left - margin.right,
    height = 500 - margin.top - margin.bottom;
var parseDate = d3.time.format("%m-%d-%Y").parse;
</script>
```

读数据

我们增加了一些代码来读数据（从早期的 R 输出的 CSV 文件 allbugsOrdered.csv）。回想一下，这个文件包含了按日期排序的所有 bug 数据。

使用 d3.csv() 函数来读这些文件：

1）第一个参数是文件的路径。

2）第二个参数是运行读入的函数。我们在这个匿名函数中添加了大部分功能，或至少是依赖数据处理的功能。

这个匿名函数接收两个参数：

1）第一个捕捉可能发生的任何错误。

2）第二个是文件读入的内容。

在函数中，首先循环遍历数据的内容，使用数据格式把 Data 目录中所有值转换为本地的 JavaScript Date 对象。

```
d3.csv("allbugsOrdered.csv", function(error, data) {
    data.forEach(function(d) {
        d.Date = parseDate(d.Date);
    });
});
```

如果我们看 console.log() 的数据，它将是一个对象的数组，如图 6-5 所示。

window > Object	
Date	Date { Fri Jan 04 2013 00:00:00 GMT-0800 (PST) }
ID	"46250"
Severity	"Blocker"
Status	"Open"
Summary	"Left Nav Misaligned"

图 6-5 bug 数据对象

循环之后，在匿名函数中，我们使用 d3.nest() 函数创建一个变量来存储按日期分组的 bug 数据组。我们将这个变量称为 nested_data。

```
nested_data = d3.nest()
.key(function(d) { return d.Date; })
.entries(data);
```

Nest_data 变量是通过日期索引的树状结构列表，每个索引是一个 bug 列表。console.log( ) nested_data 是如图 6-6 所示的对象数据。

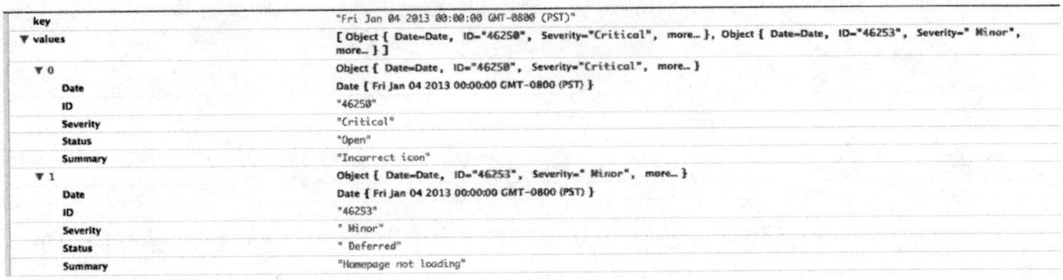

图 6-6　包含 bug 数据对象的数组

在页面上绘图

我们已经准备好在页面上开始绘图。所以，单步执行回调函数，并且回到脚本标签的根目录，通过使用以前定义的边距、宽度和高度将 SVG 标签写入页面。

```
var svg = d3.select("body").append("svg")
.attr("width",width + margin.left + margin.right)
.attr("height",height + margin.top + margin.bottom)
.append("g")
    .attr("transform",translate(" + margin.left + "," + margin.top
+ ")");
```

这包含所画的坐标轴和趋势线。

在根级别上，添加了 D3 比例对象到 x 和 y 轴，x 轴的范围代表的是 width 变量，y 轴代表的是 height 变量。我们在根级别上添加 x 轴和 y 轴，将它们输入到各自的比例对象中去，并且在它们的底部和左边定一个方向。

```
var xScale = d3.time.scale()
.range([0, width]);
var yScale = d3.scale.linear()
.range([height, 0]);
var xAxis d3.svg.axis()
.scale(xScale)
```

```
.orient("bottom");
var yAxis = d3.svg.axis()
.scale(yScale)
.orient("left");
```

但是，它们一直在页面上没有显示。我们需要返回到在 d3.csv() 中建立的匿名函数，并添加 nested_data 列表，这是为新创建区域建立的域数据。

```
xScale.domain(d3.extent(nested_data, function (d) {return new Data
(d.key); }));
yScale.domain (d3.extent (nested _ data, function (d) {return
d.values.length; }));
```

接下来，我们需要创建坐标。通过添加并选择 SVG 元素（实现应用于一般的组），并会添加这些选择到 xAxis() 和 yAxis() D3 函数。它也在匿名回调函数中进入，当加载数据时，得到调用。

我们也需要通过添加图表的高来变换 x 轴的方向，所以它可以画在图表的底部。

```
svg.append("g")
.attr("transform", "translate(0," + height + ")")
.call(xAxis);

svg.append("g")
.call(yAxis)
```

用有效的轴创建图标的开始部分，如图 6-7 所示。

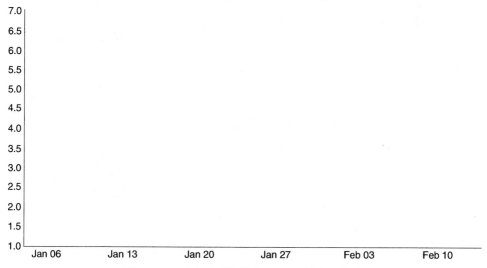

图 6-7　时间序列开始形成，x 和 y 轴尚无标线

趋势线需要添加。回到根级别，创建一个名为 line 的变量作为 SVG 行。假设，已经对直线设置了数据属性。虽然现在没有，但马上就有了。对于该行的 x 值，将有一个函数来返回经 xScale 对象过滤的日期。对于该行的 y 值，将创建一个函数，该函数将返回经 yScale 比例对象运行的 bug 计数值。

```
var line = d3.svg.line()
.x(function(d) { return xScale(new Date(d.key)); })
.y(function(d) { return yScale(d.values.length); });
```

接下来，返回处理数据的匿名函数。在添加的轴后面，添加一个 SVG 路径。设置 nested_data 变量作为路径的数据，新建的行对象作为 d 属性。对于索引，d 属性是我们指定的描述路径。关于 d 属性的文档请参阅这里：http://developer.mozilla.org/en-US/docs/SVG/Attribute/d。

```
svg.append("path")
.datum(nested_data)
.attr("d", line);
```

接着看浏览器中的变化。代码如下所示：

```
<!DOCTYPE html>
<head>
<meta charset="utf-8">
</head>
<body>
    <script src="d3.v3.js"></script>
<script>
var margin = {top: 20, right: 20, bottom: 30, left: 50},
width = 960 - margin.left - margin.right,
height = 500 - margin.top - margin.bottom;

var parseDate = d3.time.format("%m-%d-%Y").parse;
var xScale = d3.time.scale().range([0, width]);

var yScale = d3.scale.linear()
.range([height, 0]);

var xAxis = d3.svg.axis()
    .scale(xScale)
    .orient("bottom");
```

```
var yAxis = d3.svg.axis()
        .scale(yScale)
        .orient("left");

var line = d3.svg.line()
.x(function(d) { return xScale(new Date(d.key)); })
        .y(function(d) { return yScale(d.values.length); });

var svg = d3.select("body").append("svg")
.attr("width", width + margin.left + margin.right)
.attr("height", height + margin.top + margin.bottom)
        .append("g")
.attr("transform", "translate(" + margin.left + "," + margin.top + ")");

d3.csv("allbugsOrdered.csv", function(error, data) {
        data.forEach(function(d) {
                d.Date = parseDate(d.Date);
        });

nested_data = d3.nest()
            .key(function(d) { return d.Date; })
            .entries(data);

xScale.domain(d3.extent(nested_data, function(d) { return new Date
(d.key); }));
yScale.domain (d3.extent (nested _ data, function (d) { return
d.values.length; }));          svg.append("g")
.attr("transform", "translate(0," + height + ")")
.call(xAxis);
            svg.append("g")
            .call(yAxis);
            svg.append("path")
            datum(nested_data)
            .attr("d", line);

});

</script>
</body>
</html>
```

代码产生的图如图 6-8 所示。

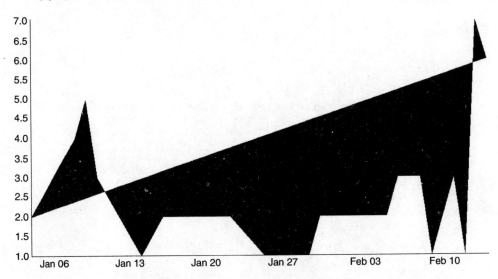

图 6-8 时间序列点线正确，但填充不对

但这不完全正确。路径的阴影是基于浏览器意图的最佳猜测，它将最近的区域变暗。我们使用 CSS 来指定关闭阴影或者用其他颜色和路径线的宽度来代替。

```
<style>
.trendLine{
fill: none;
stroke: #CC0000;
stroke-width: 1.5px;
}
</style>
```

用 trendLine 类对页面上的每个元素创建一个样式规则。接着在创建路径中的相同的代码块中添加类到 SVG 路径，这些代码就是用来产生路径的。

```
Svg.append("path")
.datum(nested_data)
.attr("d", line)
.attr(" class", "trendLine" );
```

这个代码产生的图如图 6-9 所示。

看起来非常好了！还有一些小的问题需要改进，如添加文本标签到 y 轴坐标中，并修改轴线的宽，让它看起来更加整齐。

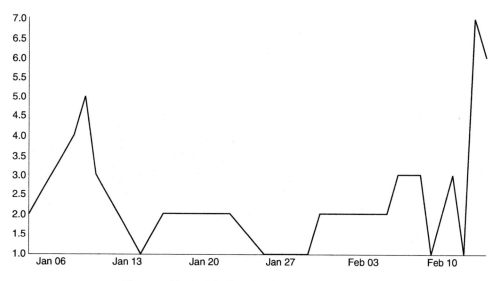

图6-9 时间序列点线正确，但坐标轴式样不合适

```
.axis path{
fill: none;
stroke: #000;
shape-rendering: crispEdges;
}
```

这将给我们更严格的轴。当创建坐标时只需要将它用到坐标轴上。

```
svg.append("g")
.attr("transform", "translate(0," + height + ")")
.call(xAxis)
.attr("class", "axis");
svg.append("g")
.call(yAxis)
.attr("class", "axis");
```

结果如图6-10所示。

到目前为止已经很好了，但是在 R 中做这些是没有任何好处的。事实上，我们写了一些额外的代码只是为了获得奇偶校验，并没有在 R 中做任何数据的清洗。

真正有意义的是使用 D3 来增加交互性。

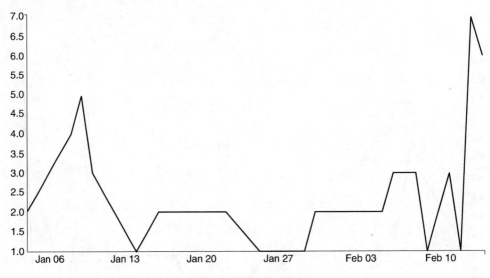

图 6-10　时间序列随坐标轴样式而更新

增加交互性

至此，已有了新 bug 的时间系列，但是我们很好奇，在二月中旬的 bug 峰值是多少。为利用工作的优势，要开始在 HTML 和 JavaScript 中工作，这可以通过在提示框中添加每个时期的 bug 列表来扩展它的功能。

为此，首先应该创建突显用户鼠标移动的区域，如在每一个数据点或离散的数据使用红圈。要做到这一点，需要在我们添加路径的右下方创建 SVG 圈，当导入外部数据时，匿名函数内部被激活。设置 nest_data 变量为圆的数据属性，使它们是红色，半径为 3.5，并且设置它们的 x 和 y 属性分别紧密地与数据和 bug 总数相关联。

```
svg.selectAll("circle")
.data(nested_data)
.enter().append("circle")
    .attr("r", 3.5)
    .attr("fill", "red")
    .attr("cx", function(d) { return xScale(new Date(d.key)); })
    .attr("cy", function(d) { return yScale(d.values.length);})
```

这段代码更新了存在的时序图，让它们看起来如图 6-11 所示。现在这些红色圆焦点的区域，用户可以用鼠标移动到该处获得额外的信息。

接下来，编写一个 div 作为显示相关 bug 数据的提示信息。为此，我们将创

第6章 随时间变化的数据可视化

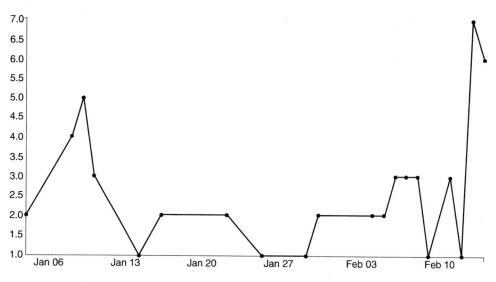

图6-11 为每个数据点加上圆点

建一个新的 div。就在下面，我们在脚本标签的根上创建行变量。我们在 D3 中再次选择 body 标签并附件一个 div，给它一个类和 id 的提示，这样就可以使用工具提示样式了（我们将立刻创建它），这样可以在下一章中通过 ID 和它交互。可设为默认隐藏。我们将在一个名为 tooltip 的变量中存储对这个 div 的引用。

```
var tooltip = d3.select("body")
.append("div")
.attr("class", "tooltip")
.attr("id", "tooltip")
.style("position", "absolute")
.style("z-index", "10")
.style("visibility", "hidden");
```

接下来，我们将使用 CSS 设计 div。调整透明度为75%可见，这样当工具提示显示一个趋势线时，我们可以在它后面看到趋势线。对齐文本、设置字体大小、制作 div 为白色背景、给它一个圆角。

```
.tooltip{
    opacity:.75;
    text-align:center;
    font-size:12px;
    width:100px;
    padding:5px;
```

```
border:1px solid #a8b6ba;
background-color:#fff;
margin-bottom:5px;
border-radius: 19px;
-moz-border-radius: 19px;
-webkit-border-radius: 19px; }
```

接下来，给圆圈添加一个鼠标滑动处理——信息提示和隐藏。为此，我们返回到创建圆的代码中，并在鼠标悬停事件处理程序中添加激活的匿名函数。

在匿名函数内，我们重写了工具提示的 innerHTML 来展示当前红色的圈的数据，以及与数据相联系的 bug 数量。接着循环 bug 列表，在每个 bug 外写出 ID。

```
svg.selectAll("circle")
.data(nested_data)
.enter().append("circle")
.attr("r",3.5)
.attr("fill","red")
.attr("cx",function(d) {return xScale(new Date(d.key)); })
.attr("cy",function(d) {return yScale(d.values.length);})
.on("mouseover",function(d){
document.getElementById(" tooltip").innerHTML = d.key + " " +
d.values.length + " bugs <br/>";
for(x=0;x<d.values.length;x++){
document.getElementById("tooltip").innerHTML + = d.values[x].ID + "
<br/>";
}
tooltip.style("visibility","visible");
})
```

如果想进一步使用它，我们可以创建对每一个 bugID 的连接，链接返回到 bug 跟踪软件；列出每个 bug 的描述；如果 bug 跟踪软件有一个 API 接口，我们甚至可以用表单字段更新工具提示中的 bug 信息。除受想象力和可用的工具限制，我们尽可拓展这个概念的可能性。

最终，为红色圈添加了一个鼠标悬浮处理事件，这样无论何时我们可以根据用户鼠标滑动过的一个红色圈来重新定位工具信息。为此，使用 d3.mouse 对象获取当前鼠标的坐标。我们使用这些坐标来简单地用 CSS 重新定位提示框。所以，不能使用工具提示框覆盖红色圈，将顶点属性移动 25 个像素点，左属性移动 75 个像素点。

```
svg.selectAll("circle")
.data(nested_data)
.enter().append("circle")
.attr("r", 3.5).attr("fill", "red")
.attr("cx", function(d) { return xScale(new Date(d.key)); })
.attr("cy", function(d) { return yScale(d.values.length);})
.on("mouseover", function(d) { document.getElementById("tooltip")
.innerHTML = d.key + " " + d.values.length + " bugs<br/>";
for(x=0;x<d.values.length;x++){
document.getElementById("tooltip").innerHTML += d.values[x].ID + "
<br/>";
}
tooltip.style("visibility", "visible");
})
.on("mousemove", function() { return tooltip.style ("top", (d3.mouse
(this)[1] + 25) +"px").style("left",(d3.mouse(this)[0] + 70) +"px");
});
```

鼠标滑动到红色圈的位置时应该出现提示信息（见图6-12）。

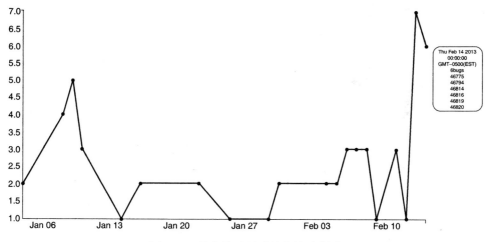

图6-12　具有滚动显示的完整时序图

完整的源代码应该如下所示：

```
<!DOCTYPE html>
<html>
<meta charset="utf-8">
```

```
<head>
<style> body { font: 15px sans-serif;
}
.trendLine {
fill: none;
stroke: #CC0000;
stroke-width: 1.5px; }
.axis path{
fill: none;
stroke: #000;
shape-rendering: crispEdges; }
.tooltip{
        opacity:.75;
        text-align:center;
        font-size:12px;
        width:100px;
        padding:5px;
        border:1px solid #a8b6ba;
        background-color:#fff;
        margin-bottom:5px;
        border-radius: 19px;
        -moz-border-radius: 19px;
        -webkit-border-radius: 19px;
}
</style>
</head>
<body>
        <script src = "d3.v3.js"></script>
<script>
var margin = {top: 20, right: 20, bottom: 30, left: 50},
width = 960 - margin.left - margin.right,
height = 500 - margin.top - margin.bottom;

var parseDate = d3.time.format("%m-%d-%Y").parse;
var xScale = d3.time.scale().range([0, width]);
var yScale = d3.scale.linear()
.range([height, 0]);
var xAxis = d3.svg.axis()
```

第 6 章 随时间变化的数据可视化

```
            .scale(xScale)
            .orient("bottom");
        var yAxis = d3.svg.axis()
            .scale(yScale)
            .orient("left");
    var line = d3.svg.line()
        .x(function(d) { return xScale(new Date(d.key)); })
        .y(function(d) { return yScale(d.values.length); });
    var tooltip = d3.select("body")
        .append("div").attr("class", "tooltip")
        .attr("id", "tooltip")
        .style("position", "absolute")
        .style("z-index", "10")
        .style("visibility", "hidden");
    var svg = d3.select("body").append("svg")
        .attr("width", width + margin.left + margin.right)
        .attr("height", height + margin.top + margin.bottom)
            .append("g")
        .attr("transform", "translate(" + margin.left + "," + margin.top
        + ")");
    d3.csv("allbugsOrdered.csv", function(error, data) {
            data.forEach(function(d) {
                    d.Date = parseDate(d.Date);
                });
    nested_data = d3.nest()
                .key(function(d) { return d.Date; })
                .entries(data);
    xScale.domain(d3.extent(nested_data, function(d) { return new Date
    (d.key); }));
            yScale.domain(d3.extent(nested_data, function(d) {return
    d.values.length; }));
        svg.append("g")
            .attr("transform", "translate(0," + height + ")")
            .call(xAxis)
            .attr("class", "axis");
    svg.append("g")
            .call(yAxis)
                .attr("class", "axis");
```

```
            svg.append("path")
                .datum(nested_data)
                .attr("d", line)
                .attr("class", "trendLine");
            svg.selectAll("circle")
                .data(nested_data)
                .enter().append("circle")
                .attr("r", 3.5)
                .attr("fill", "red")
                .attr("cx", function(d) { return xScale(new Date(d.key)); })
                .attr("cy", function(d) { return yScale(d.values.length);})
                .on("mouseover", function(d){
                document.getElementById("tooltip").innerHTML = d.key + " " +
                        d.values.length + " bugs <br/>";
for(x=0;x<d.values.length;x++){
                        document.getElementById("tooltip").innerHTML +=
                        d.values[x].ID + "<br/>";
                        }tooltip.style("visibility", "visible");
                        })
            .on("mousemove", function(){
                return tooltip.style(" top", (d3.mouse(this)[1] + 25) +"px").
                    style("left", (d3.mouse(this)[0] + 70) +"px");
                });
                });
                </script>
                </body>
                </html>
```

总结

本章从理论上和使用序列图追踪那些随时间产生的 bug 这两个方面探讨了时间序列图。我们从选择的 bug 跟踪软件中输出新的 bug 数据，并将它导入到 R 中进行擦除和分析。

在 R 中，我们看到很多不同的建模和可视化数据的方法，观察了聚合和颗粒度的细节，例如新 bug 是如何随着时间推移而产生的，或者随着时间的推移引入了新的 bug。当我们所有日期放在一起的时候，这一点尤其重要。

接着，我们将数据读入到 D3 中，并创建一个可交互式的时序图，允许我们从高级趋势数据深入到每个 bug 创建的细粒度的细节。

下一章我们探索如何创建条形图，以及如何使用它们来识别焦点和改进领域。

第 7 章 条形图

第 6 章讨论了使用时序图来观察随时间变化的 bug 数据,本章将介绍条形图,它可以展示特定数据集的顺序或排序数据。它们通常由 x 轴坐标和 y 轴坐标组成,并且用条形或彩色矩阵来表示分类的值。

William Playfair 在他 1876 年出版的第一版图书——《商业与政治图集》中创建了条形图来展示苏格兰与世界各国的进出口数据(见图 7-1)。很有必要创造这种条形图,因为图集中的其他图表都是用时序图表示数百年的贸易数据,但苏格兰的数据时限只是 1 年。当使用时序图时,Playfair 将它视为初级可视化,因为它"不包括任何时间的部分,并且它应用不大",而且受限于手边的资源(Playfair,1786,p.101)。

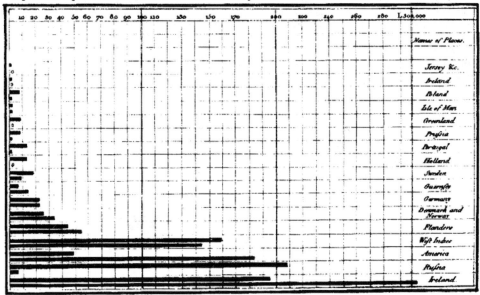

图 7-1 William Playfair 制作的条形图展示苏格兰进出口数据

最初 Playfair 对他的这种想法思考很少,所以他没有将它写进随后的第二版和第三版的图集中。他设想用一种不同的方法来展示整体中的各部分;在这个过程中,他发明了饼图,并且在 1801 年的《统计摘要》中进行了发表。

条形图是一个表明数据排名的好方法,不仅因为矩形可以清晰地展示不同的数值,而且还可以通过使用不同类型的条形图扩展模式来包括更多的数据点,如堆叠的条形图和聚集的条形图。

标准条形图

我们利用之前的数据(上一章的 bugsByServerity 数据)来看一下。

```
>bugsBySeverity
            Blocker  Critical  Minor
01-04-2013     0        0        2
01-08-2013     1        0        3
01-09-2013     3        0        2
```

可以用每个错误类型的总数创建一个新的列表,并且在条形图中可视化全部,如下:

```
totalBugsBySeverity <- c(sum(bugsBySeverity[,1]), sum(bugsBySeverity[,2]), sum(bugsBySeverity[,3]))

barplot(totalBugsBySeverity, main = "Total Bugs by Severity")
axis(1, at = 1: length (totalBugsBySeverity), lab = c ("Blocker", "Critical", "Minor"))
```

这个代码产生的图表如图 7-2 所示。

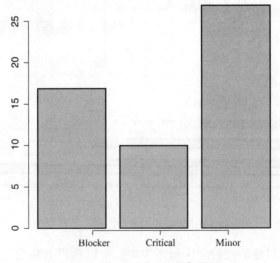

图 7-2　总 bug 严重程度条形图

堆叠条形图

堆叠条形图可以展示分类中的一部分或一段。如果想使用 bugsByserverity 时间序列数据，看每天新 bug 出现的临界点。

```
> t(bugsBySeverity)
         01-04-2013 01-08-2013 01-09-2013 01-10-2013
Blocker           0          1          3          1
Critical          0          0          0          0
Minor             2          3          2          2
```

可以用一个堆叠条形图来表示接下来的数据，如图 7-3 所示。

```
barplot(t(bugsBySeverity), col = c("#CCCCCC", "#666666", "#AAAAAA"))
legend("topleft", inset = .01, title = "Legend", c("Blocker", "Critical", "Minor"),
fill = c("#CCCCCC", "#666666", "#AAAAAA"))
```

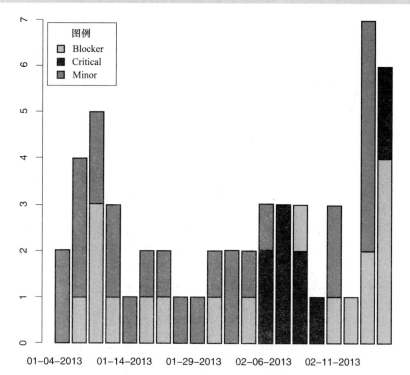

图 7-3　按日期 bug 严重程度堆叠式条形图

全部 bug 用矩形的高度来表示，每个矩形的颜色段代表 bug 的严重性。在 1 月 4 日有两个小的 bug；但是 1 月 14 日有一个严重的 bug 和三个小 bug，这个数据共有 4 个 bug。堆叠条形图可以显示出数据中的细微差别。

分组条形图

分组条形图可以展示和堆叠条形图一样的细节，但不是将线段叠放在一起，我们将它们分离成组。图 7-4 中，每个 x 轴的数据有三个关联的矩形，用于每个临界的分类。

```
barplot(t(bugsBySeverity), beside = TRUE, col = c("#CCCCCC", "#666666",
"#AAAAAA"))
legend("topleft", inset = .01, title = "Legend", c("Blocker", "Criti-
cal", "Minor"),
fill = c("#CCCCCC", "#666666", "#AAAAAA"))
```

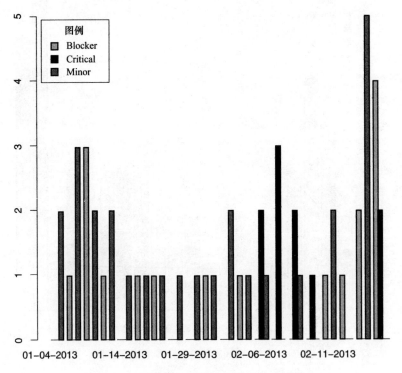

图 7-4　按日期 bug 严重程度分组条形图

可视化和分析产品事件

如果生产的产品被其他人使用（终端用户、消耗服务、甚至是内部消费者）那么很可能经历了产品事故。当应用程序的某个部分在生产中出现错误时，就会产生事故。它非常像一个 bug，但它是以使用者的经验报告的 bug。

正如 bug 一样，产品事故是软件开发的正常的、预期的结果。谈到事故，主要考虑三点：

1）严重度，或报告这个错误后有多大的影响：造成错误的原因有很多，如一个站点中断或者很小的布局错误。

2）频率，或者事件发生和复发的次数：如果网络应用在发布时已经千疮百孔，客户体验、名气和日常工作流都会受到影响。

3）持续时间，个人事件发生持续的时间长短：它们持续的时间越长，越多的客户将会受到影响，您的名气也会受到很坏的影响。

解决产品事故是产品运作和成熟组织的重要组成部分。根据事件发生的严重程度，它们可能会影响到您的日常工作；也许您的团队需要停止所有的事，来修复这个问题。较低优先级的项目可以排队等候，并引入常规工作和定期工作。

与处理产品事故一样重要的是分析产品事故的趋势，并确定错误区域。问题区域通常是在生产中经常出现问题的特征或部分。一旦识别找到了问题区域，就可以分析出根本原因，并开始围绕这些区域来创建框架。

注意："Proactive scaffolding"是我们创造的一个术语，它描述了构建容错或额外的安全路径，防止重复出现问题区域中的问题。"Proactive scaffolding"可以从检测用户接近容量限制（例如浏览器 cookie 限制或应用程序堆大小，并在问题发送前进行纠正）到对第三方资产性能问题进行说明，并在其提交给客户前对其进行拦截和优化。

另一个处理产品事故的有效方法是 Heroku：将它们放到一个有正常时间的可视化时间线上，同时显示每月的正常运行时间，并将其公开。Heroku 的产品事故时间线的网址是：http://status.heroku.com/，如图 7-5 所示。

GitHub 也有一个很好的状态页来可视化性能和与正常运行时间相关的关键指标（见图 7-6）。

在这一章我们使用条形图查看特别的产品事故，以识别产品中的问题区域。

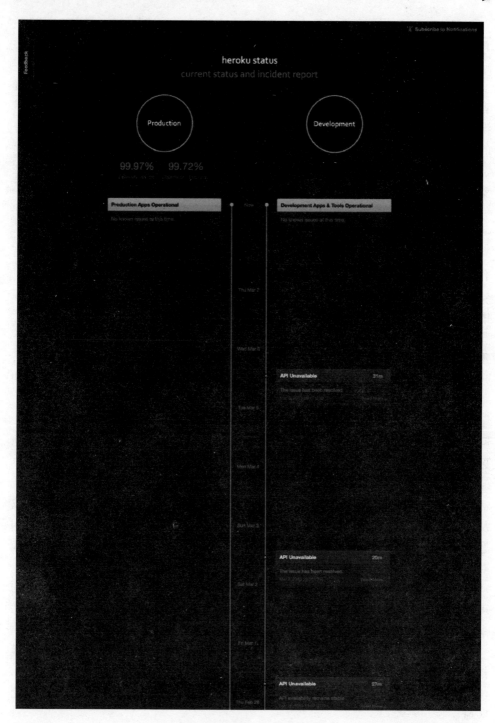

图 7-5　Heroku 状态页图示

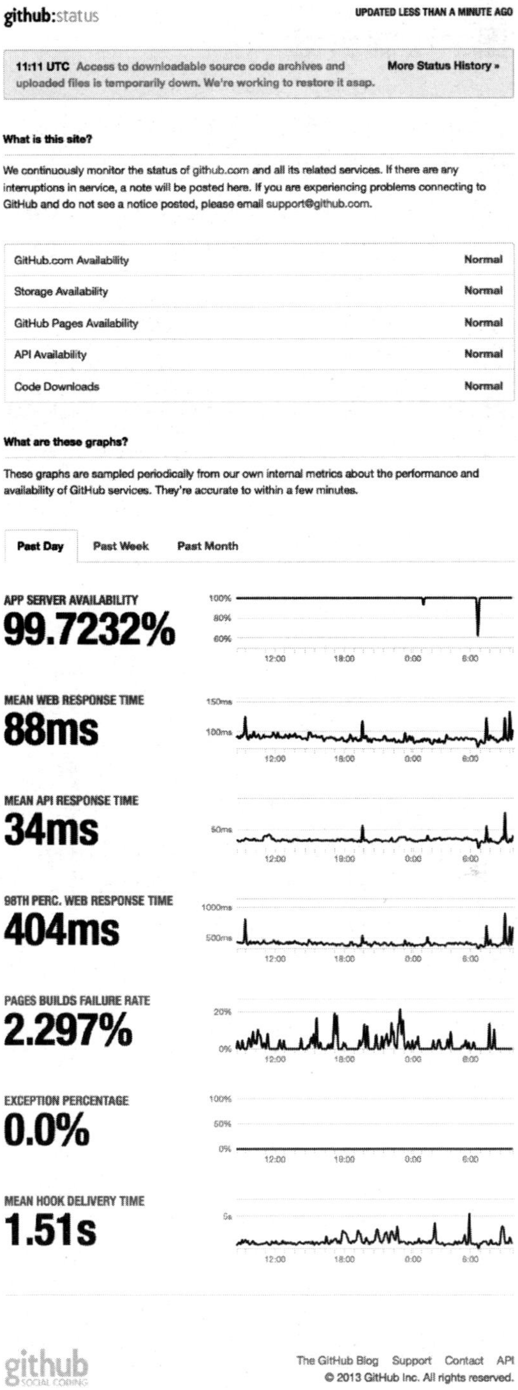

图 7-6 GitHub 状态页图示

使用 R 在条形图中绘制数据

如果我们想要绘出产品事故，首先必须得到一个输出数据，就像我们对 bug 所做的那样。因为产品事故是单项目，公司通常使用一系列方法来追踪它们，像 Jira 这样的售票系统（http：//www.atlassian.com/softwaree/jira/overview）、维护物品的电子制表软件。不论做什么工作，只要我们可以检索原始数据就可以。(Tom 提供了一个样本数据，网址是：http：//tom-barker.com/data/productionIncidents.txt)。

我们有了新数据，它可能如下所示：用逗号分离结构化列表，列为 ID、时间戳和一个描述。还应该有一个列来列出事故发生时应用程序的部分特性。

```
ID,DateOpened,DateClosed,Description,Feature,Severity
502,2013-03-09,2013-03-09,Site Down,Site,1
501,2013-03-07,2013-03-09,Videos Not Playing,Video,2
```

我们在 R 中读一个新数据，并将它存储在变量 prodData 中。

```
prodIncidentsFile <- '/Applications/MAMP/htdocs/productionIncidents.txt'
prodData <- read.table(prodIncidentsFile, sep=",", header=TRUE)
prodData
   ID DateOpened DateClosed Description        Feature Severity
1 502 2013-03-09 2013-03-09 Site Down          Site           1
2 501 2013-03-07 2013-03-09 Videos Not Playing Video          2
```

可以通过 Feature 列将其分组，这样我们可以图示全部的属性。为了做到这一点，我们使用 R 中的 aggregate() 函数。Aggregate() 函数将一个 R 对象和一个列表作用到组元素上，R 对象是用作组元素的一个列表。所以调用 aggregate() 函数，将 ID 列作为 R 对象，通过 Feature 列进行分组，并且为每一个属性分组使 R 得到它们的长度。

```
prodIncidentByFeature <-aggregate(prodData $ ID,by=list(Feature = prodData $ Feature),FUN=length)
```

这段代码创建了一个对象，如下所示：

```
> prodIncidentByFeature
  Feature  x
1 Cart1
3 Logging  1
5 Site     1
2 Heap     3
4 Login    3
6 Video    5
```

接着导入这些对象到 barplot( ) 函数，得到如图 7-7 所示的图形。

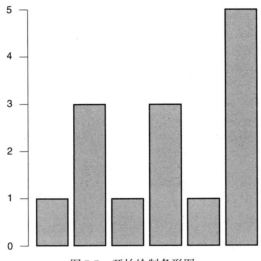

图 7-7　开始绘制条形图

这是一个好的开始并且具有统计性，但是它不具体。除了 x 轴坐标不是标签外，问题区域也因为没有排序结果而显得模糊。

结果排序

使用 order( ) 函数根据某个属性对每个事故的全部数量的结果进行排序。

```
prodIncidentByFeature <- prodIncidentByFeature[order(prodIncidentBy-Feature $ x),]
```

我们可以格式化条形图，通过水平分层矩形和 90°旋转文本来加亮这些排序。

为了旋转文本，必须使用 par( ) 函数改变我们的图形参数。更新图形参数具有全局影响，这就意味着我们在更新后创建的任何图表都会继承更改，因此我们需要保留当前设置并在创建条形图之后重新设置。将当前设置存储在称为 opar 的变量中。

```
opar <- par(no.readonly = TRUE)
```

注意：如果沿着 R 命令行追踪，则上一行命令本身不会产生任何内容，它只是设置图形参数而已。

接着输入新的参数到 par( ) 调用参数。我们使用 las 参数对轴进行格式化。las 参数接收下面的值：

```
par(las = 1)
```

0 是默认的属性，表明文本和坐标平行；

1 指明文本水平；
2 表明文本与坐标轴交叉；
3 指明文本垂直。

接着调用 barplot( )，但是这次参数 hori = TRUE，用 R 画平行的矩形来代替垂直的矩形。

```
barplot(prodIncidentByFeature $ x, xlab = "Number of Incidents",
names.arg = prodIncidentByFeature $
Feature, horiz = TRUE, space = 1, cex.axis = 0.6, cex.names = 0.8, main = "
Production Incidents by Feature",
col = "#CCCCCC")
```

最后重新存储并保存设置，这样以后的图型就不会继承这个图标的设置。

```
> par(opar)
```

这个代码产生的可视化如图 7-8 所示。

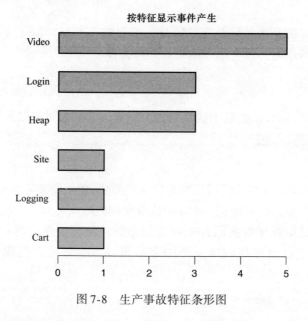

图 7-8　生产事故特征条形图

从这个图表中，可以看到最大的问题区域是视频回放，其次就是登录和内存用途的问题。

创建一个堆积条形图

这些属性的问题有多严重？接下来，我们创建一个堆叠的条形图，以查看每个产品事故的严重性细目。为此，必须创建一个表，在这个表中，根据属性

第7章 条形图

和严重度来分解产品事故。我们可以使用 table( ) 函数，如上一章所讲的那样。

```
>par(ovparprodIncidentByFeatureBySeverity <-table(factor(prodData $
Feature),prodData $ Severity))
```

这个代码创建了一个格式化的变量，如图 7-9 所示，其中行代表每一个属性，列代表每一个级别的严重性。

```
>prodIncidentByFeatureBySeverity
          1 2 3 4
Cart      1 0 0 0
Heap      0 3 0 0
Logging   0 0 0 1
Login     0 3 0 0
Site      1 0 0 0
Video     0 1 3 1
opar <- par(no.readonly = TRUE)
par(las = 1, mar = c(10,10,10,10))
barplot(t(prodIncidentByFeatureBySeverity),
xlab = "Number of Incidents", names.arg = rownames
(prodIncidentByFeatureBySeverity), horiz = TRUE, space = 1, cex.axis =
0.6, cex.names = 0.8, main = "Production Incidents by Feature", col = c("#
CCCCCC", "#666666", "#AAAAAA", "#333333"))
legend("bottomright", inset =.01, title = "Legend", c("Sev1", "Sev2", "Sev3", "
Sev4"), fill = c("#CCCCCC", "#666666", "#AAAAAA", "#333333"))
par(opar)g
```

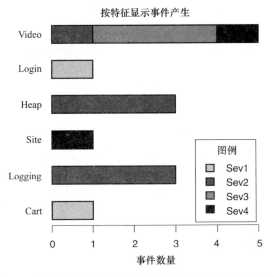

图 7-9 按属性及严重程度生产事故数目的堆叠式条形图

太有趣了！放弃排序，是因为我们有大量的新数据点可供选择。高水平的集合与此图表没有关系，重要的是严重程度的崩溃。

从这个图表中，我们可以看到视频属性发生的产品事故最多，并且在登录和堆积用途上错误复发率严重，因为它们包含最大数量的高强度的产品事故——它们都有3个2级严重事故。站点和登录都有一个1级严重事故，但是因为它们并没有复发，所以这并不是一个问题区域，至少我们不能确定当前的样本大小。

D3 中的条形图

现在，知道了在更高级别上使用条形图聚合数据的好处，也知道了得到堆叠条形图所能显示的细粒度细分的好处，我们用 D3 来看一下如何创建一个更高级别的条形图，它可以深入到每个条形图以查看数据在运行时的细粒度。

从在 D3 中创建一个条形图开始，接着创建一个堆叠条形图。当鼠标滑动到条形图时，我们将覆盖堆叠条形图以展示数据是如何实施分解的。

创建一个垂直条形图

因为在第4章的 D3 中创建了一个水平的条形图，现在我们创建一个垂直的条形图。遵循在之前章节中建立的相同的模式，我们首先创建一个包含 D3 库链接的基本 HTML 框架结构。我们使用与上一章相同的正文文本和轴基础设计规则，添加额外规则的条形类别并给每个元素着深灰色。

```
<!DOCTYPE html>
<html>
<head><meta charset="utf-8">
<title></title>
<script src="d3.v3.js"></script>
<style type="text/css">
    body {
        font:15px sans-serif;
    }
    .axis path{
        fill:none;
        stroke:#000;
        shape-rendering:crispEdges;
    }
    .bar {
```

```
        fill: #666666;
    } </style>
    </head>
    <body> </body>
    </html>
```

接着,我们创建一个脚本标签来存储所有的图表代码并初始化列的变量来保存尺寸信息:基础的高和宽、D3 尺度对象的 x 轴和 y 轴坐标信息、对象保存的边缘信息、调整后的高度值和上下边距的总高度。

```
<script>
var w = 960,
    h = 500,
    x = d3.scale.ordinal().rangeRoundBands([0, w]),
    y = d3.scale.linear().range([0, h]),
    z = d3.scale.ordinal().range(["lightpink", "darkgray", "lightblue"])
    margin = {top: 20, right: 20, bottom: 30, left: 40},
    adjustedHeight = 500 - margin.top - margin.bottom;
</script>
```

接着创建 x 轴对象。在之前的章节中,没有建立坐标,所以我们需要在 SVG 中调用函数来创建坐标。

```
var xAxis = d3.svg.axis()
    .scale(x)
    .orient("bottom");
```

我们在页面中画一个 SVG 容器。这将是我们绘制到页面的所有其他容器的父容器。

```
var svg = d3.select("body").append("svg")
    .attr("width", w)
    .attr("height", h)
    .append("g")
```

下一步就是读数据。我们将使用与 R 示例相同的数据源:平面文本 productIncidents.txt。可以使用 d3.csv() 函数读取和解析文件。一旦读取这个文件的内容,它们就会被存储到变量数据中,但是如果出现错误,我们将把错误信息的变量存储在称之为错误的变量中。

```
d3.csv("productionIncidents.txt", function(error, data) {
}
```

在这个 d3.csv() 函数的作用范围内，我们将放置大多数剩余的功能，因为该功能取决于数据的进度。

我们通过属性来汇总数据。为此，使用 d3.nest() 函数并设置关键字到 Feature 列。

```
nested_data = d3.nest()
    .key(function(d) { return d.Feature; })
    .entries(data);
```

此代码创建了一个如下所示的对象数组：

```
>>>nested_data
[Object {key="Site", values=[1]},
  Object { key="Video", values=[5]},
  Object { key="Cart", values=[1]},
  Object { key="Logging", values=[1]},
  Object { key="Login", values=[3]},
  Object { key="Heap", values=[3]}
]
```

在这个数组里，每一个对象有一个关键字，列出了属性和每个产品时间的对象数组，如图 7-10 所示。

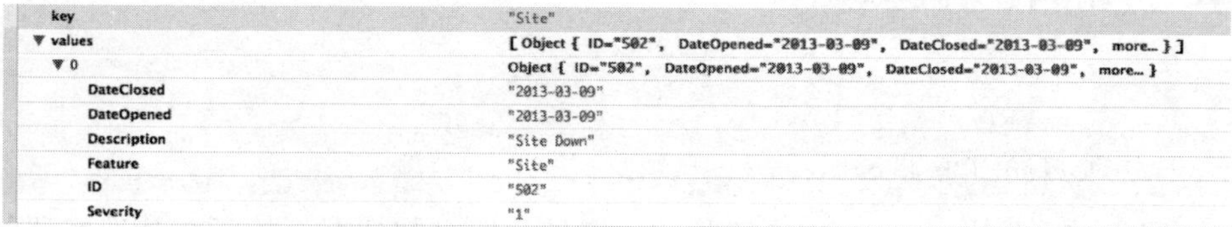

图 7-10　Firebug 中的对象检测

我们使用数据帧来创建核心条形图。创建一个函数如下：

```
function barchart(){
}
```

在这个函数中，我们设置 SVG 元素的转换属性，设置了包含将要绘制的图像坐标。在这个例子中，我们将它约束在左边缘和顶部数值范围内。

```
svg.attr("transform", "translate(" + margin.left + "," + margin.top + ")");
```

我们还为 x 轴和 y 轴坐标创建比例对象。对于条形图，一般对 x 轴坐标使用顺序尺度，因为它们用于离散值，如类别。有关 D3 中的顺序尺度的更多信息请参见：http://github.com/mbostock/d3/wiki/ordinal-Scales。

我们也可以创建比例对象来映射数据到图形的边界：

```
var xScale = d3.scale.ordinal()
    .rangeRoundBands([0, w],.1);
var yScale = d3.scale.linear()
    .range([h, 0]);
xScale.domain(data.map(function(d) { return d.key; }));
yScale.domain([0, d3.max(nested_data, function(d) { return
d.values.length; })]);
```

接着需要画出矩形。我们根据分配给矩形的级联样式表（CSS）类创建一个选择。将 nested_data 绑定到矩形中，在 nested_data 中对每一个关键值创建 SVG 矩形，并且给每个矩形分配矩形类；接下来定义类样式规则。将每个矩形的 x 轴坐标设置为序数尺度，并将 y 轴坐标和高度设置为线性比例。

增加一个鼠标移动事件处理程序，并对我们即将创建的 transitionVisualization() 函数进行调用，当鼠标移动到条形图中的某处时，这个函数可将堆条形图转换为条形图。

```
svg.selectAll(".bar")
.data(nested_data)
.enter().append("rect")
.attr("class", "bar")
.attr("x", function(d) { return xScale(d.key); })
.attr("width", xScale.rangeBand())
.attr("y", function(d) { return yScale(d.values.length) - 50; })
.attr("height", function(d) { return h - yScale(d.values.length); })
.on("mouseover", function(d){
transitionVisualization(1)
})
```

我们还将调用一个创建名为 drawAxes() 的函数：

```
drawAxes()
```

完整的 barchart() 函数如下所示：

```
function barchart(){
    svg.attr("transform", "translate(" + margin.left + "," + mar-
gin.top + ")");
    var xScale = d3.scale.ordinal()
        .rangeRoundBands([0, w],.1);
    var yScale = d3.scale.linear()
```

```
                .range([h, 0]);
xScale.domain(nested_data.map(function(d) { return d.key; }));
yScale.domain([0, d3.max(nested_data, function(d) { return
d.values.length; })]);
svg.selectAll(".bar")
    .data(nested_data)
    .enter().append("rect")
    .attr("class", "bar")
    .attr("x", function(d) { return xScale(d.key); })
    .attr("width", xScale.rangeBand())
    .attr("y", function(d) { return yScale(d.values.length) - 50; })
        .attr("height", function(d) { return h - yScale
(d.values.length); })
    .on("mouseover", function(d){
                transitionVisualization (1)
        })
    drawAxes()
}
```

如果我们在脚本标签底部调用 barchart( )，并且在浏览器中运行，那么条形图就差不多完成了，如图 7-11 所示。

图 7-11　用 D3 开始绘制条形图

创建 drawAxes( ) 函数。把这个函数放在 d3.csv( ) 函数范围之外的脚本标签的根目录下。

对于此图表选择一种简约的方法，即只绘制 x 轴。正如上一章中，我们绘制的 SVG 元素，同时，调用 xAxisobject 对象。

第7章 条形图

```
function drawAxes(){
    svg.append("g")
    .attr("class", "x axis")
    .attr("transform", "translate(0," + adjustedHeight + ")")
    .call(xAxis);
    }
```

这将绘制给出条形图的 x 轴的类标签，如图 7-12 所示。

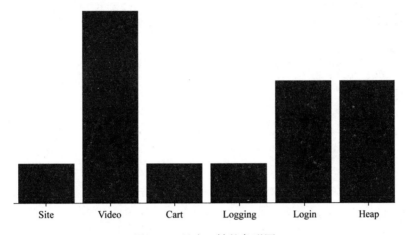

图 7-12　具有 x 轴的条形图

创建一个堆积条形图

现在，有一个条形图需要创建一个堆积条形图。首先设计数据。我们需要一个对象数组，其中每个对象代表一个属性，并对每个级别或事件进行计数。

创建 grouped_data 新数组：

```
var grouped_data = new Array();
```

逐一创建 nested_ data，因为 nested_ data 已经采取了按属性分组的转换。

```
nested_data.forEach(function (d) {
}
```

在每次遍历 nested_data 之前创建一个临时对象，遍历值数组中的每个事件。

```
tempObj = {"Feature": d.key, "Sev1":0, "Sev2":0, "Sev3":0, "Sev4":0};
d.values.forEach(function(e){
}
```

在值数组中的每次迭代中，我们测试当前事件的严重性，并增加临时对象的适当属性。

```
if(e. Severity = = 1)
    tempObj. Sev1 + +;
else if(e. Severity = = 2)
    tempObj. Sev2 + +
else if(e. Severity = = 3)
    tempObj. Sev3 + +;
else if(e. Severity = = 4)
    tempObj. Sev4 + +;
```

创建 grouped_data 数组的完整的代码如下：

```
nested_data. forEach(function (d) {
tempObj = {"Feature": d. key, "Sev1":0,"Sev2":0,"Sev3":0,"Sev4":0,};
d. values. forEach(function(e){
if(e. Severity = =1)
        tempObj. Sev1 + + ;
else if(e. Severity = =2)
        tempObj. Sev2 + +;
else if(e. Severity = =3)
        tempObj. Sev3 + +;
else if(e. severity = =4)
        tempObj. Sev4 + + ;
})
grouped_data[grouped_data. Length] = tempObj
});
```

这段代码生成的对象数组都是按特征属性进行格式化的，并对每个级别的严重性进行计数。

```
Feature        "Video"
Sev1           0
Sev2           1
Sev3           3
Sev4           1
```

完美！接下来，我们创建一个函数，利用该函数在 d3. csv( ) 函数的范围内绘制堆叠条形图。

```
functionstackeBarChart(){
}
```

这是非常有趣的。使用 d3. layout. stack ( ) 函数，转置我们的数据以便有一

第7章 条 形 图

个数组，其中每个索引代表一个严重程度级别，并包含每个属性，每个属性都有相应级别的严重性的每个事件的计数。

```
var sevStatus = d3.layout.stack()(["Sev1","Sev2","Sev3","Sev4"].map
(function(sevs)
{
    return grouped_data.map(function(d) {
    return {x: d.Feature, y: +d[sevs]};
    });
}));
```

SevStatus 数组像如图 7-13 所示的数据结构。

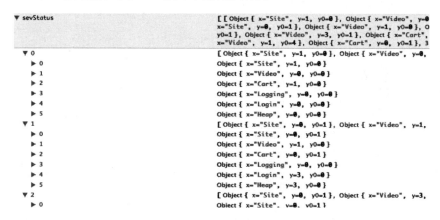

图 7-13　在 Firebug 中对 sevStatus 数组的检测

sevStatusto 创建的 x 和 y 值矩形短绘制域映射：

```
x.domain(sevStatus[0].map(function(d) { return d.x; }));
y.domain([0, d3.max(sevStatus[sevStatus.length - 1], function(d) { return d.y0 + d.y; })]);
```

接下来我们为 sevStatus 数组中的每个索引绘制 SVG g 元素。它们是绘图的容器。将 sevStatusto 绑定到这些分组元素，并设置填充属性以返回颜色数组中的某个颜色。

```
var sevs = svg.selectAll("g.sevs")
    .data(sevStatus)
    .enter().append("g")
    .attr("class", "sevs")
    .style("fill", function(d, i) { return z(i); });
```

最后，我们在刚创建的分组中绘制条，将通用函数绑定到刚传递给它的任意数据的条形数据属性。它会继承 SVG 分组。

我们绘制条并设置不透明度为 0，所以条最初是不可见的。我们还附加了 mouseover 和 mouseout 时间处理程序，调用 transitionVisualization( )，当触发 mouseover 事件时，传递 1；当触发 mouseout 事件时，传递 0（我们很快会完善 transitionVisualization( )的功能）。

```
var rect = sevs.selectAll("rect")
    .data(function(data){ return data; })
    .enter().append("svg:rect")
    .attr("x", function(d) { return x(d.x) + 13; })
    .attr("y", function(d) { return - y(d.y0) - y(d.y) + adjusted-
Height; })
    .attr("class", "groupedBar")
    .attr("opacity", 0)
    .attr("height", function(d) { return y(d.y) ; })
    .attr("width", x.rangeBand() - 20)
    .on("mouseover", function(d){
        transitionVisualization(1)
        })
    .on("mouseout", function(d){
        transitionVisualization(0)
        });
```

完整的堆积条形图代码应该如下所示，它产生如图 7-14 所示的堆积条形图。

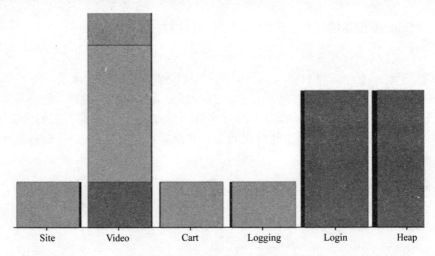

图 7-14　用 D3 绘制堆叠式条形图

```
function groupedBarChart(){
    var sevStatus = d3.layout.stack()(["Sev1","Sev2","Sev3","Sev4"]
.map(function(sevs)
    {
        return grouped_data.map(function(d) {
        return {x: d.Feature, y: +d[sevs]};
        });
        }));
x.domain(sevStatus[0].map(function(d) { return d.x; }));
y.domain([0, d3.max(sevStatus[sevStatus.length - 1], function(d) { return d.y0 + d.y; })]);
//Add a group for each sev category.
var sevs = svg.selectAll("g.sevs")
        .data(sevStatus)
        .enter().append("g")
        .attr("class", "sevs")
        .style("fill", function(d, i) { return z(i); })
        .style("stroke", function(d, i) { return d3.rgb(z(i)).darker(); });
var rect = sevs.selectAll("rect")
        .data(function(data){ return data; })
        .enter().append("svg:rect")
        .attr("x", function(d) { return x(d.x) + 13; })
        .attr("y", function(d) { return -y(d.y0) - y(d.y) + adjustedHeight; })
        .attr("class", "groupedBar")
        .attr("opacity", 0)
        .attr("height", function(d) { return y(d.y) ; })
        .attr("width", x.rangeBand() - 20)
        .on("mouseover", function(d){
            transitionVisualization (1)
            })
        .on("mouseout", function(d){
            transitionVisualization (0)
            });
        }
```

创建层叠可视化

我们还没有完全完成。我们一直在引用 transitionVisualization( ) 函数,但是我们还没有定义它。现在来看一下我们是如何使用它的：当用户将鼠标放在条形图条形中的一个条上时，我们调用 transitionVisualization()，并传递1。当用户将鼠标悬停在堆积条形图中的条上时，我们也调用 transitionVisualization()，并传递1，但是当用户在堆叠条形图隐藏条形图时，调用 transitionVisualization()，并传递0。

所以传递的参数设置了堆叠条形图的不透明度。因为我们最初绘制的堆叠条形图的不透明度为0，所以我们只有在用户滚动条形图中的矩形时，才能看到它，之后当用户将鼠标拿开时它又被隐藏起来。

要产生这种效果，我们使用 D3 转移。转移很像其他语言如 ActionScript 3 中的补间动画。创建了一个 D3 的选择（在这种情况下，我们可以选择类 groupedBar 的所有元素），调用 transition()，并设置选择我们要改变的选择的属性。

```
function transitionVisualization(vis){
    var rect = svg.selectAll(".groupedBar")
    .transition()
    .attr("opacity", vis) }
```

完成后的代码如下所示，虽然它很难通过印刷途径来演示此功能，但在 Tom 的网站上可以看到工作模型（http://tom-barker.com/demo/data_vis/chapter7/chapter7example.htm）或把代码复制到本地 web 服务器上并自行运行查看。

```
<!DOCTYPE html><html>
    <head>
        <meta charset="utf-8">
<title></title>
        <script src="d3.v3.js"></script>
        <style type="text/css">
        body{
        font:15px sans-serif;
        }
        .axis path{
        fill:none;
        stroke:#000;
        shape-rendering:crispEdges;
        }
        .bar {
        fill:#666666;
        }
        </style></head>
```

```
<body>
<script type="text/javascript">

var w = 960,
h = 500,
x = d3.scale.ordinal().rangeRoundBands([0, w]),
y = d3.scale.linear().range([0,h]),
z = d3.scale.ordinal().range(["lightpink", "darkgray", "lightblue"])
margin = {top: 20, right: 20, bottom: 30, left: 40},
adjustedHeight = 500 - margin.top - margin.bottom;

var xAxis = d3.svg.axis()
    .scale(x)
    .orient("bottom");
var svg = d3.select("body").append("svg")
    .attr("width", w)
    .attr("height", h)
    .append("g")

    function drawAxes(){
    svg.append("g")
        .attr("class", "x axis")
        .attr("transform", "translate(0," + adjustedHeight + ")")
        .call(xAxis);

    }
    function transitionVisuaization(vis){
        var rect = svg.selectAll(".groupedBar")
        .transition()
        .attr("opacity", vis)
        }
        d3.csv("productionIncidents.txt",
        function(error, data) {
        nested_data = d3.nest()
        .key(function(d) { return d.Feature; })
        .entries(data);
        var grouped_data = new Array();
```

```
            //for stacked bar chart
        nested_data.forEach(function (d) {
            tempObj = {"Feature": d.key, "Sev1":0, "Sev2":0, "Sev3":0,
"Sev4":0};
            d.values.forEach(function(e){
                if(e.Severity == 1)
                tempObj.Sev1 ++;
                else
                if(e.Severity == 2)
                tempObj.Sev2 ++
                else
                if(e.Severity == 3)
                tempObj.Sev3 ++;
                else
                if(e.Severity == 4)
                tempObj.Sev4 ++;
            })
            grouped_data[grouped_data.length] = tempObj
        });
function stackedBarChart(){
var sevStatus = d3.layout.stack()([ "Sev1", "Sev2", "Sev3", "Sev4"].map
(function(sevs) {
return grouped_data.map(function(d) {
    return {x: d.Feature, y: +d[sevs]};
    });
    }));
x.domain(sevStatus[0].map(function(d) { return d.x; }));
y.domain([0, d3.max(sevStatus[sevStatus.length - 1], function(d) { return d.y0 + d.y; })]);


//Add a group for each sev category.   var sevs = svg.selectAll ("
g.sevs")
    .data(sevStatus)
    .enter().append("g")
    .attr("class", "sevs")
    .style("fill", function(d, i) { return z(i); });
```

```
var rect = sevs.selectAll("rect")
.data(function(data){ return data; })
.enter().append("svg:rect")
.attr("x", function(d) { return x(d.x) + 13; })
.attr("y", function(d) { return -y(d.y0) - y(d.y) + adjustedHeight; })
.attr("class", "groupedBar")
.attr("opacity", 0)
.attr("height", function(d) { return y(d.y) ; })
.attr("width", x.rangeBand() - 20)
.on("mouseover", function(d){
    transitionVisuaization(1)
    })
.on("mouseout", function(d){
transitionVisuaization(0)
});
}
function barchart(){
    svg.attr("transform", "translate(" + margin.left + "," + margin.top + ")");

    var xScale = d3.scale.ordinal()
        .rangeRoundBands([0, w],.1);
    var yScale = d3.scale.linear()
        .range([h, 0]);
    xScale.domain(nested_data.map(function(d) { return d.key; }));
    yScale.domain ([ 0, d3.max (nested _data, function (d) { return d.values.length; })]);
        svg.selectAll(".bar")
        .data(nested_data)
        .enter().append("rect")
        .attr("class", "bar")
        .attr("x", function(d) { return xScale(d.key); })
        .attr("width", xScale.rangeBand())
        .attr("y", function(d) { return yScale(d.values.length) - 50; })
        .attr("height", function(d) { return h - yScale(d.values.length);})
        .on("mouseover", function(d){
            transitionVisuaization(1)
```

```
        })
        stackedBarChart()
        drawAxes()
        }

    barchart();

    });

        </script>
        </body>
        </html>
```

总结

本章介绍了使用条形图在生产事故的背景下排名数据。因为生产事故实际上是由用户群对产品的错误行为或具有失败操作的直接反馈，管理生产事故是所有成熟的工程组织的一个关键部分。

然而管理生产事故并不仅仅是应对出现的问题，也包括分析周围的事故数据，即：哪些领域的应用程序经常出故障？在生产过程中，哪些意想不到的使用方式可能导致这些问题反复出现？如何建立合适的框架才能防止这些将要发生的问题？只有通过充分了解您的产品和数据后才能回答这些问题。通过本章，您向深层理解迈出了第一步。

第8章 用散点图进行相关性分析

第7章使用条形图分析了生产事故。可以看到，条形图很好显示了分级数据系列中的差异，并且用这种方法可以确定问题复发的区域。同时，堆叠堆积条形图还可以查看生产事故的严重性。

本章将介绍散点图的相关分析。散点图是在各自的轴上绘制两个独立数据集的图表，点通过笛卡尔网格（x轴坐标和y轴坐标）来显示。散点图用于找出并确定这两个数据点之间的关系。

Michael Friendly 和 DanielDenis 发表了一篇关于散点图历史的深入研究论文，最初发表在 2005 年 4 卷的 "the Journal of the History of the Behavioral Sciences" 杂志上，可以在 Friendly 的网站 http：//www. datavis. ca/papers/friendly-scat. pdf 查阅。这篇文章是绝对值得推荐阅读的，因为它试着去追溯最早记录的散点图，并第一次将图表称为散点图，并且非常巧妙地描述了散点图和时序图的区别（时序图总是有时间作为数据点之一，而散点图可以有任意离散值作为数据点）。

发现数据之间的联系

模式，或缺乏模式，即散点图上点的形状表现出的关系。在高层次上，它们的关系可以是：

（1）正相关性，其中一个变量随另一个变量的增加而增加。从左到右的点形成呈上升趋势的线（见图8-1）。

（2）负相关性，其中一个变量随着另一个变量的增加而减少。由从左向右的点形成下降趋势的线（见图8-2）。

（3）无相关性，由散点图表明（或者不能表明）无明显的趋势线（见图8-3）。

当然，简单地确定两个数据点或数据集之间的相关性并不意味着它们存在直接关联，因此相关性并不意味着因果关系。例如，参见图8-2 的负相关图示。如果我们假设两个轴，即重量和天数之间有直接因果关系，我们会得出随时间的推移将导致体重的减少。

散点图可以很好地分析两组数据之间的关系，但还有一种相近的模式可以用来引入第三组数据，这种可视化称为气泡图，它利用散点图中点的半径显示数据的第三组数组。

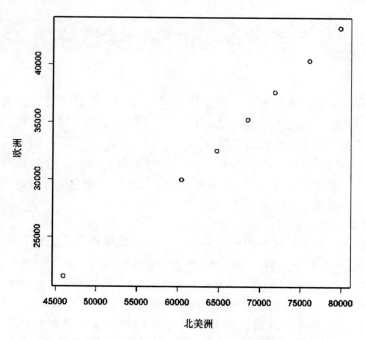

图 8-1　散点图显示出手机总数在北美洲和欧洲之间呈正相关关系

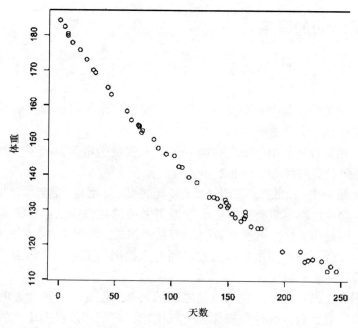

图 8-2　散点图呈现体重和时间之间具有负相关性关系（某人在节食）

第8章 用散点图进行相关性分析

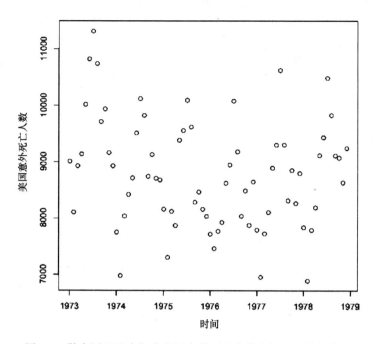

图8-3 散点图显示多年来美国意外死亡人数之间无相关性存在

如图8-4所示的气泡图，显示的是豚鼠的牙齿生长和服用维生素C剂量

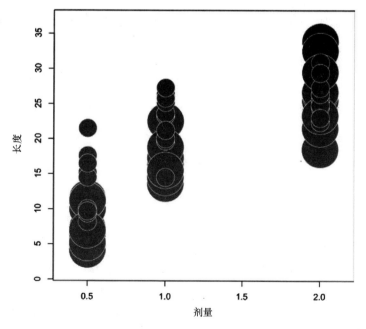

图8-4 通过补充维生素和橙汁豚鼠牙齿生长和维生素C剂量的相关性

的相关性。第三组数据点提供的方法:要么通过补充维生素要么用橙汁。它用图形中每个点的半径来表示;较大圆圈是补充维生素,较小圆圈是橙汁。

本章的目的是使用散点图和气泡图来分析团队速度与其他重点领域的隐含关系,实际上是在做团队动态相关性分析。我们将比较团队规模和速度、速度和生成事故等几个方面。

敏捷开发的概念入门

首先介绍敏捷开发的一些基础概念。如果您已经可以熟练地使用敏捷开发,这部分可以当作复习。敏捷开发有多种类型,但共有的最高层次概念是限制时间工作的思想,限制时间团队能够专注于一件事并完成它,让参与者能够快速地对完成的事情给出反馈。这个简短的反馈循环使得团队和利益相关者在需求甚至行业发生变化的情况下可进行转移或响应,并改变方向。

这个团队在工作过程中,无论是一周、三周或其他时间都称为冲刺,在冲刺结束后,完成工作的团队应该有可发布的代码,虽然每次冲刺后代码不一定发布。

冲刺开始后,团队定义工作的主体,冲刺在总结会议中结束,在这个会议中,团队检查工作的完成情况,在冲刺过程中,团队会定期地安排新的工作来完成;它定义了从用户需求中提取的验收工作的标准。在每个冲刺开始时举行的规划会议中,要优先考虑这些用户的需求。

图 8-5 为这个过程的高级工作流程。

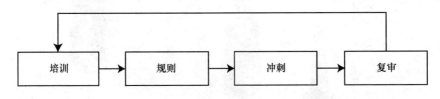

图 8-5 敏捷开发高级工作流程

用户需求有与它们有关联的需求点。需求点是对需求复杂程度的估计,通常是一个数字。随着团队完成冲刺,它们就开始形成相一致的速度。速度是团队在完成冲刺时需求点的平均量。

速度很重要,因为可以通过它来估计团队在每个冲刺开始时可以完成多少工作,并计算出团队在一年中完成了多少积压工作。

第 8 章 用散点图进行相关性分析

有许多工具可用来管理敏捷项目，如 Rally（http：//www.rallydev.com/）或来自 Atlassian 的 Greenhopper（http：//www.atlassian.com/software/greenhopper/ove rview），这两个公司都有 Jira 和 Confluence，其中的任何一个工具都提供导出数据的能力，包括每个冲刺的用户点计数。

相关性分析

开始进行分析，连同队名和每个需求点的总数一起导出。我们应该将所有这些数据点编译成一个单一的文件，命名 teamvelocity.txt。它显示了名为 Red 和 Gold 的团队 12.1 和 12.2 的冲刺数据。（针对同一产品的不同团队名称，仅仅是工作单位不同）。文件应类似于以下内容：

```
Sprint,TotalPoints,Team
12.1,25,Gold
12.1,63,Red
12.2,54,Red
...
```

添加一个额外的列，以表示每个冲刺团队成员的总数。这些数据如下所示：

```
Sprint,TotalPoints,TotalDevs,Team
12.1,25,6,Gold
12.1,63,10,Red
12.2,54,9,Red
...
```

这里还提供了此示例的数据集：http：//tombarker.com/data/teamvelocity.txt. Excellent，现在读 R：

```
tvFile <- "/Applications/MAMP/htdocs/teamvelocity.txt"
teamvelocity <- read.table(tvFile, sep = ",", header = TRUE)
```

创建散点图

现在，使用 plot() 函数创建一个散点图，以便比较团队在每次冲刺中完成的总分数。将 teamvelocity $ TotalPoints 和 teamvelocity $ TotalDevsas 作为前两个参数，类型设置为 P，并为轴提供有意义的标签：

```
plot(teamvelocity $ TotalPoints,teamvelocity $ TotalDevs, type = "p",
ylab = "Team Members", xlab = "Velocity", bg = "#CCCCCC", pch =21)
```

这里创建了图 8-6 所示的散点图，从图中可以看到，当向团队中添加更多的成员时，它们在迭代中完成的需求点或冲刺数量也会增加。

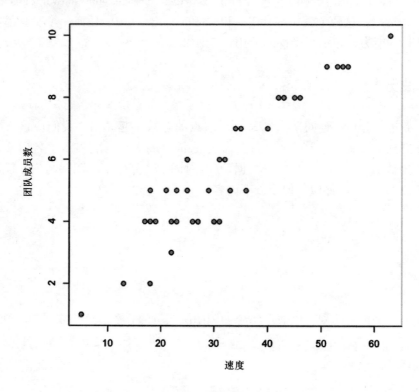

图 8-6　团队成员和增长速度之间的相关性

创建气泡图

如果想要更加深入地了解目前所有的数据，例如，为了显示哪些点属于哪个团队，可以用气泡图来可视化这些信息。可以用 symbols( ) 函数创建气泡图。将 TotalPoints 和 TotalDevsinto 导入到 symbols( )，就像 plot( ) 那样，但我们也将 Team 列传递给名为 circle 的参数，它在图表上定义了圆的绘制半径。因为在我们的示例中，Team 是一个字符串，R 将其转换为一个系数。我们还用 bg 参数设定圆的颜色，用 fg 参数 parameter 设置圆的填充色。

```
Symbols(teamvelocity $ TotalPoints, teamvelocity $ TotalDevs, circles = teamvelocity $ team, inches = 0.35, fg = "#000000", bg = "#CCCCCC",
ylab = "Team Members", xlab = "Velocity")
```

之前的 R 代码产生的气泡图如图 8-7 所示。

第 8 章 用散点图进行相关性分析

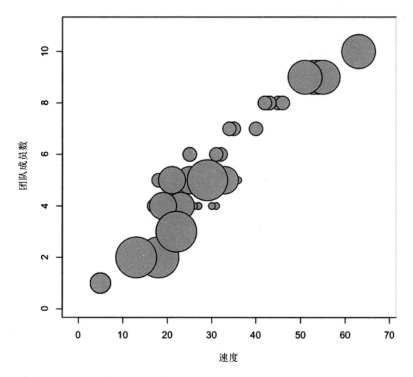

图 8-7　团队成员和增长速度的关联性，气泡大小表示团队

可视化漏洞

图 8-7 所显示的气泡图的使用是有限制的，主要是因为团队故障并不是一个相关的数据点。我们来看一下 teamvelocity.txt 文件，并开始对更多的信息分层。在第 6 章中已经讨论了跟踪 bug 数据，现在让我们使用 bug 跟踪软件并添加两个新的与 bug 相关的数据点：每次冲刺结束时，每个团队积压的总错误以及每次冲刺中打开了多少个 bug。分别为这些新的数据点命名列为 BugBacklog 和 BugsOpened。

更新后的文件应如下所示：

```
Sprint,TotalPoints,TotalDevs,Team,BugBacklog,BugsOpened
12.1,25,6,Gold,125,10
12.2,42,8,Gold,135,30
12.3,45,8,Gold,150,25
```

接下来，用新的数据创建一个离散图。在每个迭代中，首先将速度与在每次迭代中打开的 bug 进行对比。

```
plot(teamvelocity $ TotalPoints,teamvelocity $ BugsOpened, type = "p",
xlab = "Velocity", ylab = "Bugs Opened During Sprint", bg = "#CCCCCC", pch
= 21)
```

创建的散点图如图 8-8 所示。

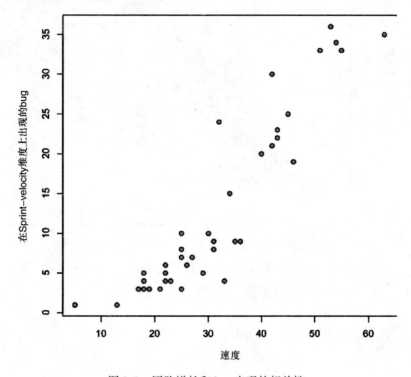

图 8-8　团队增长和 bug 出现的相关性

这是非常有趣的。在团队中更多的人和完成更多的工作（或至少完成更加复杂的工作）之间是正相关性的。并且完成的需求点越多，bug 就越多。因此，复杂性的增加与在给定冲刺中创建的错误数量的增加相关。我们的数据暗示了这一点。

让我们在现有的气泡图中绘制这个新的数据点，通过打开的 bug 数目确定圆的大小进行调整，而不是通过团队来确定圆的大小。

```
symbols(teamvelocity $ TotalPoints, teamvelocity $ TotalDevs, circles
= teamvelocity $ BugsOpened,
inches = 0.35, fg = "#000000", bg = "#CCCCCC", ylab = "Team Members", xlab
= "Velocity", main = "Velocity by
Team Size by Bugs Opened")
```

第 8 章　用散点图进行相关性分析

此代码会产生如图 8-9 所示的气泡图；可以看到，气泡的大小遵循现有的正相关模式，在这种情况下，气泡会随着团队成员的数量和团队速度的增加而增大。

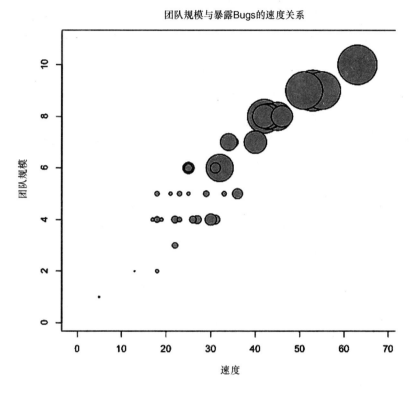

图 8-9　团队增长和团队规模的相关性，其中圆圈大小表示 bug 多少

接下来让我们创建一个散点图，看每一次冲刺后的总 bug 累计。

```
plot(teamvelocity $ TotalPoints,teamvelocity $ BugBacklog, type = "p",
xlab = "Velocity", ylab = "Total Bug Backlog", bg = "#CCCCCC", pch =21)
```

这个代码产生的图表如图 8-10 所示。

该图显示无相关性。这可能是由许多原因造成的：也许团队已经在冲刺期间修复了错误，或者它们在迭代过程中关闭了所有打开的 bug。确定根本原因超出了散点图的范围，但是我们可以看出，当打开的 bug 和复杂性增加的时候，总的 bug 积压不会增加。

采用 R 和 JavaScript 的数据可视化

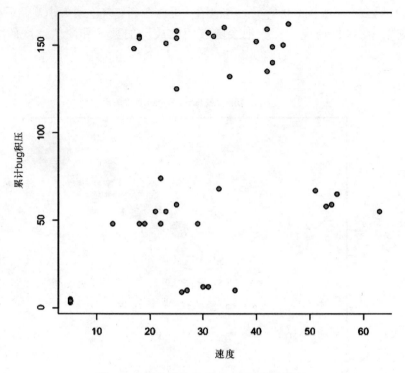

图 8-10 团队增长和总 bug 累计的相关性

可视化产品事件

接下来将另一个数据点导入文件中；我们将给生产事故添加一个列来比较冲刺期间所做的工作。具体来说，一次冲刺工作完成后，它就根据产量发布出来，它是一个释放数字。我们讨论的最后一个数据点涉及一次给定迭代中对排放的跟踪问题。不是迭代过程中出现的问题；而是在迭代工作一旦完成生产出现问题被推到生产中。

现在，在最后一列添加名叫 ProductionIncidents 的列：

Sprint,TotalPoints,TotalDevs,Team,BugBacklog,BugsOpened,Production-Incidents 12.1,25,6,Gold,125,10,1
12.2,42,8,Gold,135,30,3
12.3,45,8,Gold,150,25,2

接下来我们用此数据创建一个新的气泡图，比较完成的需求点、每次迭代打开的 bug 以及每个版本的生产事故。

```
symbols(teamvelocity $ TotalPoints, teamvelocity $ BugsOpened,
circles = teamvelocity $ ProductionIncidents, inches = 0.35, fg = "#
000000", bg = "#CCCCCC", ylab = "Bugs
Opened", xlab = "Velocity", main = "Velocity by Bugs Opened by Produc-
tion Incidents Opened")
```

这个代码创建的图如图 8-11 所示。

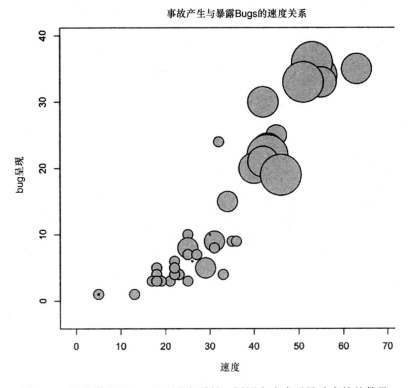

图 8-11　团队增长和 bug 呈现的相关性，圆圈大小表示导致事故的数量

从这个图中可以看出，根据我们的样本数据，在完成的总事故点、打开的 bug 以及给定冲刺的生产事故之间存在正相关性。

最后，所有的数据可分层次到平面文件中，我们可以创建一个散点图矩阵。这是散点图相互比较所有列的矩阵。我们可以使用散点图矩阵一次性查看所有的数据，并迅速找出数据集中可能存在的任何相关模式。可以用 plot() 函数或图形软件包中的 pie() 函数创建散点图矩阵。

```
plot(teamvelocity)
pairs(teamvelocity)
```

任何一个都可以产生如图 8-12 所示的图表。

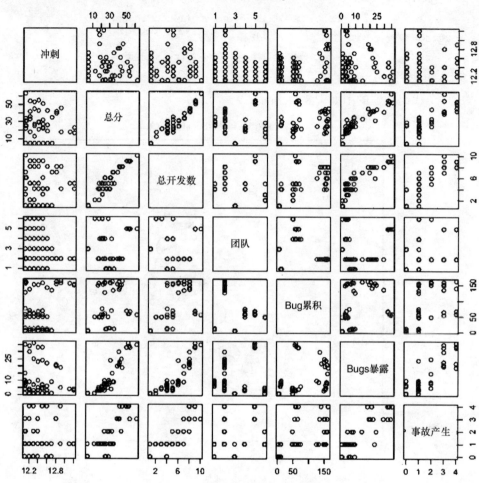

图 8-12　完整数据集的散点图阵列

图 8-12 中，每一行代表矩阵中的一个列，每个散点图表示这些列的交集。当您扫描矩阵中的每个散点图时，可以清楚地看到本章已经介绍过的组合中的相关模式。

这一章中的 R 代码可以在 RPubs 中找到：http：//rpubs.com/tomjbarker/5461。

在 D3 中的交互散点图

到目前为止，本章中，我们已经创建了不同的散点图来表示想要观察的数据组合。但是，如何创建一个散点图来选择基于轴的数据点呢？用 D3 就可以做到这一点！

添加基本的 HTML 和 JavaScript

先从基本 HTML 结构开始，包括 d3.js 以及基本的 CSS。

```
<!DOCTYPE html>
<head>
<meta charset="utf-8">
</head>
<style>
body{
font:15px sans-serif;
}

.axis path{
fill: none;
stroke: #000;
shape-rendering: crispEdges;
}

.dot {
stroke: #000;
}

</style>
</head>
<body>
<script src="d3.v3.js"></script>
</body>
</html>
```

接下来，添加脚本标签来保存图表。就像之前的 D3 示例一样，包括初始变量、边距、x 和 y 的范围对象以及 x 轴和 y 轴对象。

```
<script> var margin = {top: 20, right: 20, bottom: 30, left: 40},
    width = 960 - margin.left - margin.right,
    height = 500 - margin.top - margin.bottom;

var x = d3.scale.linear()
    .range([0, width]);
    var y = d3.scale.linear()
```

```
    .range([height, 0]);

var xAxis = d3.svg.axis()
    .scale(x)
    .orient("bottom");

var yAxis = d3.svg.axis()
    .scale(y)
    .orient("left"); </script>
```

像前面的示例一样,我们在页面上创建一个 SVG 标签。

```
var svg = d3.select("body").append("svg")
    .attr("width", width + margin.left + margin.right)
    .attr("height", height + margin.top + margin.bottom)
    .append("g")
    .attr("transform", "translate(" + margin.left + "," + margin.top
+ ")");
```

导入数据

现在,需要使用 d3.csv( ) 函数来加载数据。在之前的所有 D3 的例子中,大部分的工作都是在回调函数的范围内完成的,但在这个例子中,需要公开地展示我们的功能,所以可以通过表单选择元素,来更改数据点。然而,仍然需要从回调函数那里驱动初始功能,因为那时候我们将有自己的数据,因此将设置回调函数来调用无存根的公共函数。

设置一个公共变量,将 chartDatato 调用到自平面文件返回的数据,并调用两个函数 removeDots( ) 和 setChartDots( )。

```
d3.csv("teamvelocity.txt", function(error, data) {
    chartData = data;
    removeDots()
    setChartDots("TotalDevs", "TotalPoints") });
```

请注意,我们将"TotalDevs"和"TotalPoints"传递给 setChartDots( ) 函数。这是初始化,因为它们将是我们在页面加载时显示的初始数据点。

添加交互性功能

现在,需要真正创建无存根的事物。首先,让我们在脚本标签的根目录中创建变量 chartData,这里设置其他变量。

```
var margin = {top: 20, right: 20, bottom: 30, left: 40},
    width = 960 - margin.left - margin.right,
    height = 500 - margin.top - margin.bottom,
    chartData;
```

接下来，创建 removeDots( ) 函数，该函数可以选择页面上的任何圆或轴，并将其删除。

```
function removeDots(){
svg.selectAll("circle")
.transition()
.duration(0)
.remove()
svg.selectAll(".axis")
    .transition()
    .duration(0)
    .remove()
    }
```

最后，我们创建 setChartDots( ) 功能。该函数接收两个参数：xval 和 yval。为确保 D3 转换运行完成后，它们有一个 250ms 的默认运行时间，即使当我们将持续时间设置为 0 时，我们也能在 setTimeout( ) 函数调用时进行调用，所以在开始绘画图表前，需要等待 300ms。如果不这样做，我们可能进入一个竞争状态，当要从屏幕中移除时，正在绘制屏幕。

```
function setChartDots(xval, yval){
        setTimeout(function() {
            },300);
    }
```

在该函数中，使用 xval 和 yval 参数设置 x 和 y 缩放对象的域。这些参数对应我们将要画的数据点的列名。

```
x.domain(d3.extent(chartData, function(d) { return d[xval];}));
y.domain(d3.extent(chartData, function(d) { return d[yval];}));
```

接下来，我们将圆画在屏幕上，使用全局的 chartData 变量来为它提供数据，并将导入的柱状数据作为圆的 x 轴和 y 轴坐标。我们还在函数中增加了轴，这样，就可以在每次改变轴的时候重绘这些值。

```
svg.selectAll(".dot")
.data(chartData)
```

```
.enter().append("circle")
.attr("class", "dot")
.attr("r", 3)
.attr("cx", function(d) { return x(d[xval]);})
.attr("cy", function(d) { return y(d[yval]);})
.style("fill", "#CCCCCC");
svg.append("g")    .attr("class", "axis")
.attr("transform", "translate(0," + height + ")")
.call(xAxis)

svg.append("g")
.attr("class", "axis")
.call(yAxis)
```

完整的函数如下所示:

```
function setChartDots(xval, yval){
    setTimeout(function() {
    x.domain(d3.extent(chartData, function(d) { return d[xval];}));
    y.domain(d3.extent(chartData, function(d) { return d[yval];}));
    svg.selectAll(".dot")
    .data(chartData)
    .enter().append("circle")
    .attr("class", "dot")
    .attr("r", 3)
    .attr("cx", function(d) { return x(d[xval]);})
    .attr("cy", function(d) { return y(d[yval]);})
    .style("fill", "#CCCCCC");
    svg.append("g")
    .attr("class", "axis")
    .attr("transform", "translate(0," + height + ")")
    .call(xAxis)
    svg.append("g")
    .attr("class", "axis")
    .call(yAxis)
    },300);
    }
```

完美!

添加表单字段

接下来在表单域中增加两个选择元素,在平面文件中,每一个选项对应一列。这些元素调用一个 JavaScript 函数 getFormDate( ),我们很快就可以给出定义:

```
<form>
Y-Axis:
<select id="yval" onChange="getFormData()">
<option value="TotalPoints">Total Points</option>
<option value="TotalDevs">Total Devs</option>
<option value="Team">Team</option>
<option value="BugsOpened">Bugs Opened</option>
<option value="ProductionIncidents">Production Incidents</option>
</select>
X-Axis:
<select id="xval" onChange="getFormData()">
<option value="TotalPoints">Total Points</option>
<option value="TotalDevs">Total Devs</option>
<option value="Team">Team</option>
<option value="BugsOpened">Bugs Opened</option>
<option value="ProductionIncidents">Production Incidents</option>
</select>
</form>
```

检索表单数据

最后,剩下的功能是编写 getFormData( ) 函数。这个函数从两个 select 元素中提取所有的选项,并将这些值传递给 setChartDots( ),当然前提是在调用 removeDots( )之后。

```
function getFormData(){
var xEl = document.getElementById("xval")
var yEl = document.getElementById("yval")
var x = xEl.options[xEl.selectedIndex].value
var y = yEl.options[yEl.selectedIndex].value
removeDots()
setChartDots(x,y)
}
```

太好了！

使用可视化

完整的源代码如下所示：

```
<!DOCTYPE html>
<html>
<head>
    <meta charset="utf-8">
        <title></title>
        <style>

body {
font: 10px sans-serif;
}

.axis path,
.axis line {
fill: none;
stroke: #000;
shape-rendering: crispEdges; }

.dot {
stroke: #000;
}

</style>
</head>
<body>
<form>
Y-Axis:
<select id="yval" onChange="getFormData()">
<option value="TotalPoints">Total Points</option>
<option value="TotalDevs">Total Devs</option>
<option value="Team">Team</option>
<option value="BugsOpened">Bugs Opened</option>
<option value="ProductionIncidents">Production Incidents</option>
</select>
```

```
X-Axis:
<select id="xval" onChange="getFormData()">
<option value="TotalPoints">Total Points</option>
<option value="TotalDevs">Total Devs</option>
<option value="Team">Team</option>
<option value="BugsOpened">Bugs Opened</option>
<option value="ProductionIncidents">Production Incidents</option>
</select>
</form>
<script src="d3.v3.js"></script>
<script>

var margin = {top: 20, right: 20, bottom: 30, left: 40},
width = 960 - margin.left - margin.right,
height = 500 - margin.top - margin.bottom,
chartData;

var x = d3.scale.linear()
.range([0, width]);

var y = d3.scale.linear()
.range([height, 0]);

var xAxis = d3.svg.axis()
.scale(x)
.orient("bottom");

var yAxis = d3.svg.axis()
.scale(y)
.orient("left");

var svg = d3.select("body").append("svg")
.attr("width", width + margin.left + margin.right)
.attr("height", height + margin.top + margin.bottom)
.append("g")
.attr("transform", "translate(" + margin.left + "," + margin.top + ")");
svg.append("g")
```

```
.attr("class", "x axis")
.attr("transform", "translate(0," + height + ")")
.call(xAxis)
svg.append("g")
.attr("class", "y axis")
.call(yAxis)

function getFormData(){
var xEl = document.getElementById("xval")
var yEl = document.getElementById("yval")
var x = xEl.options[xEl.selectedIndex].value
var y = yEl.options[yEl.selectedIndex].value
removeDots()
setChartDots(x,y)
}
function removeDots(){
svg.selectAll("circle")
.transition()
.duration(0)
.remove()
svg.selectAll(".axis")
.transition()
.duration(0)
.remove()
}
function setChartDots(xval, yval){
setTimeout(function() {
x.domain(d3.extent(chartData, function(d) { return d[xval];}));
y.domain(d3.extent(chartData, function(d) { return d[yval];}));
svg.selectAll(".dot")
.data(chartData)
.enter().append("circle")
.attr("class", "dot")
.attr("r", 3)
.attr("cx", function(d) { return x(d[xval]);})
.attr("cy", function(d) { return y(d[yval]);})
.style("fill", "#CCCCCC");
svg.append("g")
```

```
                .attr("class", "axis")
                .attr("transform", "translate(0," + height + ")")
                .call(xAxis)
            svg.append("g")
                .attr("class", "axis")
                .call(yAxis)
        },300);
    }
    d3.csv("teamvelocity.txt", function(error, data) {
        chartData = data;
        removeDots()
        setChartDots("TotalDevs", "TotalPoints")
    });
    </script>
    </body>
    </html>
```

它将创建交互式可视化,如图 8-13 所示。

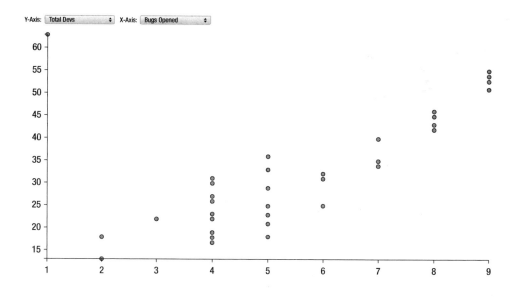

图 8-13 基于 D3 的交互式散点图

总结

　　这一章，讨论了团队动作速度和bug打开以及生产问题的相关性。这些数据点之间存在正相关性：当创建新事物时，我们对这些新事物和现有的事物创造了破坏的机会。

　　当然，并不意味着我们该停止制造新事情，即使有某种原因，业务部分和行业也要允许做。它意味着需要在创造新事物和培养、维持我们已有的事物之间找到平衡。这正是下一章将要讨论的。

第9章 用平行坐标系可视化交付和质量的平衡

第 8 章研究利用散点图确定数据集之间的关系。它讨论了数据集之间可能存在的不同类型的关系，例如正相关和负相关。在团队动力的前提下对这个问题可接着分析：您认为团队成员数量和团队能够完成的工作量，或者完成的工作量和生成的缺陷之间有什么相关性？

在这一章中，要把一直在谈论的主要概念：可视化、团队特性工作、缺陷和生产事件联系到一起。我们将使用平行坐标的数据可视化将它们联系起来，以显示这些因素之间的平衡。

什么是平行坐标图？

平行坐标图是一个由 N 个垂直轴组成的可视化，每个轴代表唯一的数据集，在轴之间绘制线。这些线显示了这些轴之间的关系，就像散点图，这些线性的模式代表了它们之间的关系。当我们观察一簇线时，也可以得到这些轴之间关系的细节。我们看一下在图 9-1 中使用的图表的例子。

用 R 内置的数据集 Seatbelts 构造了图 9-1。为了看到数据集的关系，在 R 的命令行上输入？Seatbelts。这里提取了一个有效列的子集，来更好地突出这些数据的关系。

```
cardeaths <- data.frame(Seatbelts[,1], Seatbelts[,5], Seatbelts[,6], Seatbelts[,8])
colnames(cardeaths) <- c("DriversKilled", "DistanceDriven", "PriceofGas", "SeatbeltLaw")
```

该数据集表明了英国在强制系安全带前后，死于车祸的驾驶人的数量。每个轴分别代表了驾驶人的死亡数、制动的距离、对应时间段安全气囊的价格、以及该地区是否有系安全带的法规。

观察平行坐标有很多种有用的方法。如果我们单单地观察一组轴，也可以看到这些数据集之间的关系。例如，如果我们观察安全气囊价格和安全带法规之间的关系，可以看到，安全气囊的价格与受到严格规定的有安全带法规的地方有很紧密的联系。在没有安全带法规的地方，安全气囊的价格波动较大（也就是说，很多不同的线收敛的点代表法律颁布之前的时间）。在法规颁布之后的那段时间，一条狭窄的线集中在一起。这种关系可能表明很多不同的事情，但是因为我们知道这些数据，就是在该地区法规颁布后死亡数量减少：在安全带法规颁布之前有 14 年的有效数据，但安全带法规颁布之后只有 2 年的有效数据。

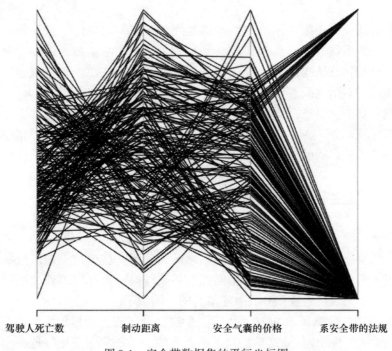

图 9-1　安全带数据集的平行坐标图

我们也可以跟踪所有轴上的线，看看每一个轴如何相关联。所有线用一样的颜色很难观察，当我们改变线条的颜色和阴影时，可以更容易地看到在图表的图案。看一下现有的图表，并将颜色分配给线条（结果见图 9-2 的结果显示）。

```
parcoord(cardeaths, col = rainbow(length(cardeaths[,1])), var.label = TRUE)
```

注意：需要导入 MASS 库使用 parcoord( ) 函数。

图 9-2 开始显示数据中存在的图案。最低死亡人数的线也有最大的驱动距离，主要的时间点分布在安全带法颁布之后。再次注意，我们有一个较小的样本量可用于比较后座椅的安全带法和我们前座的安全带法，您可以看到它是如何起作用的，并探究要如何追踪这些数据点之间的相互关联。

第 9 章 用平行坐标系可视化交付和质量的平衡

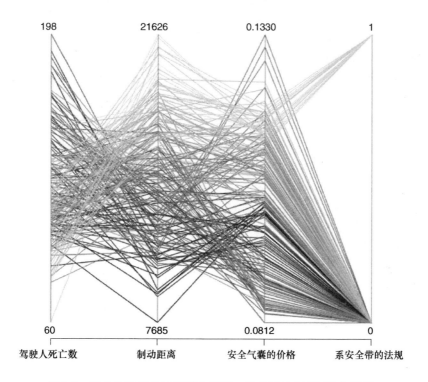

图 9-2 安全带数据集的平行坐标图，每条线具有不同的灰度值

平行坐标图的历史

在垂直轴上使用平行坐标轴的想法是 1885 年 Maurice D'Ocagne 提出的，当时他创造了诺模图和诺模图领域。诺模图是计算机跨数学规则的计数值工具。今天仍在使用的诺模图的典型例子是温度计的线，显示华氏温度和摄氏温度值。或者也可以认为标尺一方面显示英寸值，一方面显示厘米值。

注：Ron Doerfler 写了一篇关于诺模图的论文，网址是：

http://myreckonings.com/wordpress/2008/01/09/the-art-of-nomography-i-geometric-design/。

Doerfler 也创建了一个叫 Modern Nomograms 的网站（http://www.myreckonings.com/modernnomograms/），为当今的应用提供了显著而有用的图形计算器。

可以从 Ron Doerfler 的作品中看到现代诺模型的例子，如图 9-3 和图 9-4 所示。

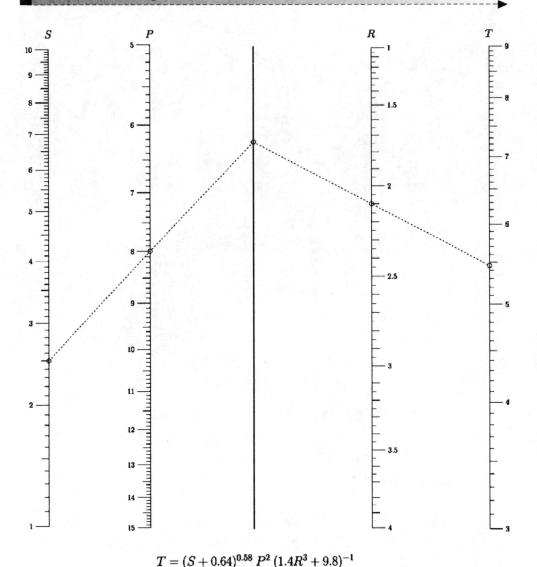

图 9-3 诺模图表明了函数 S、P、R 和 T 之间的转换

注意：平行坐标的术语和它所表示的概念都是由 Alfred inselberg 在伊利诺伊大学学习期间推广和重新发现的。Inselberg 博士目前是特拉维夫大学的教授，并是圣地亚哥超级计算机中心的高级研究员。Inselberg 博士还出版了一本关于平行坐标的著作：《视觉多维几何及其应用》（Springer，2009）。他还发表了一篇关于如何有效地阅读和使用平行坐标的论文，可从 IEEE 得到。

第9章 用平行坐标系可视化交付和质量的平衡

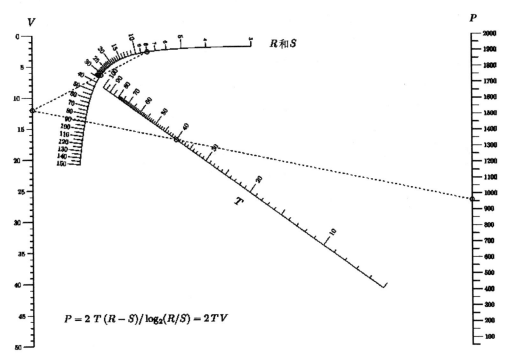

图9-4 曲率尺度的诺模图，由 Ron Doerfler、Leif Roschier 和 Joe Marasco 绘制

寻求平衡

我们理解的平行坐标可用于理解多个变量之间关系的可视化，但它如何应用到在这本书中讨论的问题呢？目前，我们讨论了量化及可视化缺陷堆积、生产时间的来源、甚至团队交付的工作总量。可以说平衡这些特征可能是我们团队做得最具有挑战性的活动之一。

每一次的迭代，无论是正式的还是非正式的，团队成员都必须确定他们对每一个环节所应该花的精力：开发新的属性、修复现有属性的漏洞，以及通过用户的直接反馈来解决生产事故，而这些只是每个产品团队必须处理的细微差别的一个例子，也许他们必须要把花费在技术债务或更新基础设施的时间因素考虑在内。

我们可以使用平行坐标来可视化这种平衡，无论是作为文档还是作为新冲刺时的分析工具。

采用 R 和 JavaScript 的数据可视化

创建平行坐标图表

有几种不同的方法来创建平行坐标图表。使用第 8 章的数据,我们可以看到每次迭代的运行总数。回想一下,这些数据是每次迭代的全部点、在每个团队积压的 bug 和生产事故的数量、在迭代时有多少新的错误以及团队有多少成员。这些数据如下所示:

	冲刺	预计迭代点数	团队开发人员总数	总 bug 累计	新出现 bug 数	导致的事件数
1	12.10	25	6 Gold	125	10	1
2	12.20	42	8 Gold	135	30	3
3	12.30	45	8 Gold	150	25	2
4	12.40	43	8 Gold	149	23	3
5	12.50	32	6 Gold	155	24	1
6	12.60	43	8 Gold	140	22	4
7	12.70	35	7 Gold	132	9	1

...

为了使用这些数据,我们将它读入到 R 中,如第 8 章所做的:

```
tvfile <- "/applicationgs/mamp/htdocs/teamvelocity.txt"
teamvelocity <- read.table(tvfile, sep = ",", header = true)
```

用 teamvelocity 变量中的所有列创建一个新的数据帧,其中不包括 Team 列。这些列是一个字符串,我们在这个例子中使用 R parcoord( ) 函数,如果输入的对象中包含字符串,就出现异常。在这种情况下,团队信息也就有意义了。在图表中画的线将代表我们的团队。

```
t <- data.frame(teamvelocity $ sprint, teamlocity $ totalpoints, team-
locity $ totaldevs,
teamvelocity $ bugbacklog, teamvelocity $ bugsopened, teamvelocity $
productionincidents)
colnames(t) <- c("sprint","points","devs","total bugs","new bugs","
prod incidents")
```

我们在 parcoord( ) 函数中导入新的对象。同时也将 rainbow( ) 函数传递给 color 参数,以及设置 var.label 参数为 TRUE,使每个轴的上、下边界在图上可视化。

```
parcood(t, col = rainbow(lengtht[,1])), var.label = TRUE)
```

这段代码产生如图 9-5 所示的可视化例子。

第 9 章 用平行坐标系可视化交付和质量的平衡

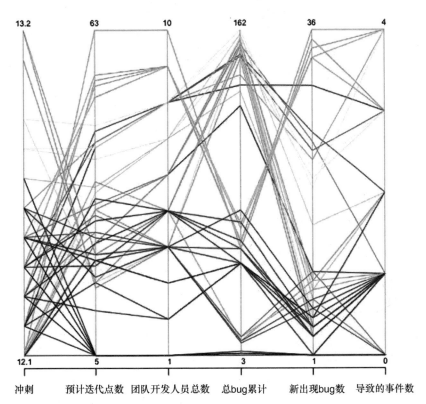

图 9-5　全体组织度量不同方面的平行坐标图，包括预计迭代点数、团队开发人员总数、总 bug 累计、新出现的 bug 数以及导致的事件数。

图 9-5 展示了一些有趣的事实。我们可以看到，在我们的数据集中，一些团队在处理更多点的工作价值时产生了较多的 bug。其他团队有一个大的 bug 积压，而不是在每次迭代中产生大量的新 bug，这意味着他们没有关闭打开的 bug。有些团队比其他团队更加一致，所有这些包含了该团队可以用来反射和持续改进的见解。但最终这个图表是反应和围绕主要问题的。它显示了每次冲刺对我们各自的 bug 和生产事故的积压的影响，无论是 bug 还是生产事故。它还告诉我们每个冲刺打开了多少 bug。

图表并没有展示我们花在工作和每个积压上的功夫。为了展现这一点，我们需要做一些前期工作。

加入努力过程

在第 8 章中，已经提到用 Greenhopper 和 Rally 的方式来规划迭代，优先考虑积压，并跟踪用户使用的进展。不管选择何种产品，它都会提供一些方法用元数据分类或标记您的用户信息。我们可以使用一些很简单的方法来完成这样的分类，而不需要软件来支持它，包括下面这些：

(1) 在用户信息的标题中添加标签（参见图9-6，这可能看起来像在 Rally 中的例子）。使用这种方法，需要手动或用编程的方式对每个分类的工作量进行统计。

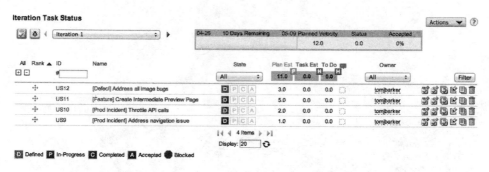

图9-6　由类别、缺陷、特征或事件标记的用户信息（由 Rally 提供）

(2) 创建子项目

不管怎样创建这些 bucket，都应该有一个方法来跟踪在每一个冲刺中类别花费的工作量。为了将其可视化，只需将它从使用的工具导出到类似于此处所示结构的平面文件中：

```
迭代,缺陷,生产事故,特征,技术负债,改革
13.1,6,3,13,2,1
13.2,8,1,7,2,1
13.3,10,1,9,3,2
13.5,9,2,18,10,3
13.6,7,5,19,8,3
13.7,9,5,21,12,3
13.8,6,7,11,14,3
13.9,8,3,16,18,3
13.10,7,4,15,5,3
```

为了使用这些数据，需要将平面文件中的内容导入到 R 中。我们将数据存储在一个称为 teamEffort 的变量中，并将 teamEffort 导入到 parcoord() 函数中。

```
teFile <- "/Applications/MAMP/htdocs/teamEffort.txt"
teamEffort <- read.table(teFile, sep = ",", header = TRUE)
parcoord(teamEffort, col = rainbow(length(teamEffort[,1])), var.label = TRUE, main = "Level of Effort Spent")
```

这个代码产生的图如图9-7所示。

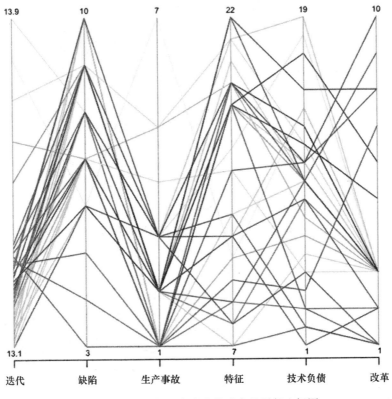

图 9-7 对每个事项启动花费成本的平行坐标图

图 9-7 不太能看出数据暗示的关系,更多的是看到对每次冲刺的努力程度。在实际中,这些数据点是毫无意义的,但当您看到这两个图并比较总 bug 累计和总生产事故时,相比于成本,你会看到团队需要的盲点地址。如果那些 bug 累计或生产事故件数较高的团队没有花费足够的精力来解决这些问题,盲点就产生了。

使用 D3 格式化平行坐标图

阅读密集平行坐标的技巧是使用一种称为"刷"的技术。刷会使除了沿轴上追踪的线条外,所有线条的颜色或不透明度降低。我们可以用 D3 来实现这种交互性。

创建基本的结构

使用基本的 HTML 框架结构来创建一个新的 HTML 文件。

```
<!doctype html>
<html>
    <head>
            <meta charset="utf-8">
        <title></title>
</head>
<body>
<script src="d3.v3.js"></script>
</body>
    </html>
```

然后，创建一个新的脚本标签来为图存储 JavaScript。在这个标签中，首先创建变量用来设置图表的高和宽、一个存储边界值的对象、一个和轴列名的数组，以及 x 对象的规模对象。

一个还需创建变量来引用 D3 SVG 行对象、一个 D3 轴的引用和一个名为 foreground 的变量来存储路径组，这些路径将是图表中的轴之间绘制的线。

```
<script>
var margin={top:80,right:160,bottom:200,left:160},
    width=1280-margin.left-margin.right,
    height=800-margin.top-margin.bottom,
        cols=["iteration","defect","prodincidents","features","innovation"]
var x=d3.scale.oredinal().domain(cols).rangepoints([0,width]),
    y={};
var line=d3.svg.line(),
    axis=d3.svg.axis().orient("left"),
    foreground;
    </script>
```

我们在页面上画一个 SVG 元素，并把它存储在 svg 的变量中。

```
var svg.d3.select("body").append("svg")
    .attr("width",width+margin.left+margin.right)
    .attr("height",height+margin.top+margin.bottom)
    .append("g")
    .attr("transform","translate("+margin.left+","+margin.top
+")")

    we use d3.csv to load in the teameffort.txt flat file;
```

第 9 章　用平行坐标系可视化交付和质量的平衡

```
d3.csv("teameffort.txt",function(error,data){
   }
```

到目前为止，我们遵循与前几个章节相同的格式：在顶部布局变量，创建 SVG 元素加载数据；大多数依赖数据逻辑发生在数据加载时开启的匿名函数中。

对于平行坐标，这个过程在这里产生了一些改变，因为我们需要为数据中的每列创建 y 轴。

为每列创建 y 轴

要为每一列创建 y 轴，必须遍历包含列名的数组，将每列的内容转换为明确的数字，为每列的 y 变量创建一个索引，并为每列创建一个 D3 缩放对象。

```
cols.foreach(function(d){
    //convert to numbers
    data.foreach(function(p){p[d] = +p[d];});

    //create y scale for each column
    y[d] = d3.scale.linear()
        .domain(d3.extent(data,function(p){return p[d];}))
    .range([height,0]);
```

绘制线

需要绘制贯穿每个轴的线，因此创建一个 SVG 组来聚集和存储所有的线。将 foreground 类分配到组（这是很重要的，因为要将通过 CSS 来刷线）。

```
foreground = svg.append("g")
.attr("class","foreground")
```

增加 SVG 路径到这个组中。将这个数据附加到路径中，将路径的颜色设置随机生成，并将 mouseover 和 mouseout 事件处理程序存根化。将路径的 d 属性设置为即将创建的名为 path() 的一个函数。

马上返回这些事件处理器。

```
foreground = svg.append("g")
    .attr("class","foreground")
.sselectAll("path")
.data(data)
.enter().append("path")
```

```
.attr("stroke",function(){return"#" + Math.floor(Math.random() *
16777215).tostring(16);})
.attr("d",path)
.attr("width",16)
.on("mouseover",function(d){

})
.on("mouseout",function(d){

    })
```

让我们来看看 path() 函数。在这个函数中,我们接收了一个名为 d 的参数,它将是数据变量的索引。该函数返回路径坐标 x 和 y 尺度的映射。

```
function path(d){
    return line(cols.map(function(p){return[x(p),y[p])];}))"
    }
```

path() 函数返回的数据看起来如下:它是多维数组,每个索引和数组包含两个坐标值。

```
[[0,520],[192,297.14285714285717],[384,346.666666667],[576,312],
[768,491.11111111111],[960,520]]
```

褪去线

退一步看,为了处理"刷新",需要创建一个样式规则来减少线条的不透明。所以返回到页面的顶部,创建一个样式标签和一些样式规则。

设置 path.fade 选择器并将透明度设置为 40%。与此同时,还设置了字体样式和路径样式。

```
<style>
body{
    Font:15px sans-serif;
    Font-weight:normal;
}
path{
    fill:none;
    shape-rendering:geometricprecision;
    stroke-width:1;
}
```

```
path.fade{
    stroke:#000;
    stroke-opacity:.04;
}
</style>
```

回到存根化的事件处理程序。D3 提供了一个名为 classed( ) 的函数，它允许把类添加到选择中。在 mouseover 处理程序中，使用 classed( ) 将刚才创建的渐变样式应用于前景中的每个路径，此时每一行都消失了。接下来，将使用 d3.select（this）来实现当前的选择，并使用 classed( ) 来关闭渐变样式。

在 mouseout 处理程序中，关闭渐变样式。

```
foreground = svg.append("g")
    .attr("class","foreground")
    .selectAll("path")
    .data(data)
    .enter().append("path")
    .attr("stroke", function(){return"#" + Math.floor(Math.random() * 16777215).tostring(16);})
    .attr("d",path)
.attr("width",16)
nested_data.foreach(function (d) {
}
```

创建轴

最后，我们需要创建轴。

```
var g = svg.selectAll(".column")
        .data(cols)
        .enter().append("svg:g")
        .attr("class","column")
        .attr("stroke",#000000)
        .attr("tranaform",function(d){return"translate(" + x(d) +")";})

    //Add an axis and title.
    g.append("g")
        .attr("class","axis")
        .each(function(d){d3.select(this).call(axis.scale(y[d]));})
        .append("svg:text")
```

```
            .attr("text-anchor","middle")
            .attr("y",-19)
.text(string);
```

完整的代码如下：

```
<!DOCTYPE html>
<html>
    <head>
            <meta charset="ytf-8">
        <title></title>
<style>

body{
    font:15px sans-serif;
    font-weight:normal;
}

path{
    fill:none;
    shape-rendering:geometricprecision;
    stroke-opacity: .04;
}
</style>
</head>
<body>
<script src="d3.v3.js"></script>
<script>
var margin = {top:80. right:160,bottom:200,left:160},
    width = 1280 - margin.left - margin.right,
    height = 800 - margin.top - margin.bottom,
        cols = ["iteration","defect","prodincidents","features","innovation"]
var x = d3.scale.oredinal().domain(cols).rangepoints([0,width]),
    y = {};
var line = d3.svg.line(),
    axis = d3.svg.axis().orient("left"),
    foreground;
```

第9章 用平行坐标系可视化交付和质量的平衡

```
var svg. d3. select("body"). append("svg")
    .attr("width",width + margin. left + margin. right)
    .attr("height",height + margin. top + margin. bottom)
    .append("g")
    .attr("transform","translate(" + margin. left + "," + margin. top
+ ")")

d3. csv("teameffort. txt",function(error,data){
    cols. foreach(function(d){
        //convert to numbers
        data. foreach(function(p){p[d] = +p[d];});

        y[d] =d3. scale. linear()
            .domain(d3. extent(data,function(p){return p[d];}))
            .range([height,0]);
            });

foreground = svg. append("g")
    .attr("class","foreground")
    .sselectAll("path")
    .data(data)
    .enter(). append("path")
    .attr("stroke", function(){return"#" + Math. floor(Math. random() *
16777215). tostring(16);})
    .attr("d",path)
    .attr("width",16)
    .on("mouseover",function(d){
        foreground. classed("fade",true)
        d3. selet(this). classed("fade",false)
    })
    .on("mouseout",function(d){
        foreground. classed("fade",false)
})
var g. svg. selectAll(". column")
    .data(cols)
    .enter(). append("svg:g")
    .attr("class","column")
    .attr("stroke",#000000)
```

```
      .attr("transform",function(d){return"translate(" + x(d) + ")";})

//Add an axis and title.
g.append("g")
    .attr("class","axis")
    .each(function(d){d3.select(this).call(axis.scale(y[d]));})
    .append("svg:text")
    .attr("text-anchor","middle")
    .attr("y",-19)
    .text(string);

    function path(d) {
        return line(cols.map(function(p){return [x(p),y[p](d[p])];}));
    }
});
</script>
</body>
</html>
```

这段代码产生的图如图 9-8 所示。

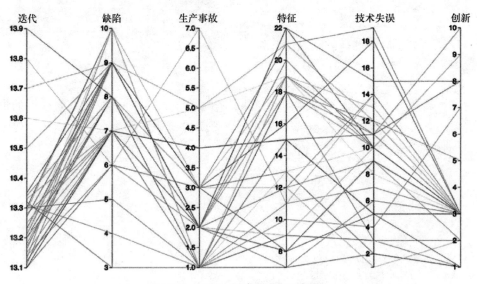

图 9-8　用 D3 创建的平行坐标图

如果我们选中每一条线，可以看到如图 9-9 所示的刷效果，其中，除了当前 mouseover 的线条外，所有线的不透明度都减小了。

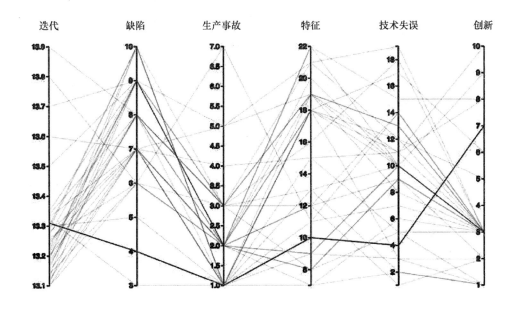

图 9-9　具有交互式刷新的平行坐标图

总结

本章学习了平行坐标图。回顾了其历史——它们最初是如何以诺模图的形式出现并且用于显示值转换的。在可视化实际应用中，团队如何在循环迭代过程中平衡产品发展的不同方面。

平行坐标是本书的最后一个可视化类型，但它远不是可视化领域的最后一个类型。而本书也并不是这个话题的终止。在每个学期结束时我都会告诉我的学生，希望他们能继续使用本课堂上所学到的知识。只有通过运用学过的语言或知识，不断地运用、探索，并扩展其边界，学生才会把这个新的工具吸收到自己的技能中。否则，如果他们离开课堂（或合上书本），而不再去思考这个问题，他们可能会忘记他们学过的很多知识。

如果您是开发人员或技术负责人，希望您通过阅读本书而受到启发，开始跟踪自己的数据。这只是您可以跟踪的一小部分样本。您可以通过测试代码来跟踪性能指标，正如在《Pro JavaScript Performance：Monitoring and Visualization》一书中提到的那样，也可以使用诸如 Splunk 的工具来创建仪表可视化使用的数据和错误率。可以直接从源代码存储库数据库获取这样的度量标准，例如一周中哪段时间和日期活动最多，以避免在此期间安排会议。

所有这些数据跟踪的要点是自我完善。要建立您当前所在的位置基线和跟踪走向，不断地完善您的技能，并做自己擅长的事情。

Pro Data Visualization using R and JavaScript
By Tom Barker, ISBN: 978-1-4302-5806-3
Original English language edition published by Apress Media.
Copyright © 2013 by Apress Media
Simplifed Chinese-language edition copyright（c）2019 by China Machine Press
All rights reserved.

本书中文简体字版由Apress授权机械工业出版社独家出版，未经出版者书面允许，本书的任何部分不得以任何方式复制或抄袭。

版权所有，翻印必究。

北京市版权局著作权合同登记　图字：01-2015-3989号。

图书在版编目(CIP)数据

采用R和JavaScript的数据可视化/（美）汤姆·巴克（Tom Barker）著；刘小虎，邢静，程国建译. —北京：机械工业出版社，2019.1

（大数据丛书）

书名原文：Pro Data Visualization using R and JavaScript

ISBN 978-7-111-62015-0

Ⅰ. ①采…　Ⅱ. ①汤…②刘…③邢…④程…　Ⅲ. ①程序语言—程序设计②JAVA语言—程序设计　Ⅳ. ①TP312

中国版本图书馆CIP数据核字（2019）第029208号

机械工业出版社（北京市百万庄大街22号　邮政编码100037）
策划编辑：王　康　责任编辑：王　康　刘丽敏
责任校对：肖　琳　封面设计：陈　沛
责任印制：张　博
北京铭成印刷有限公司印刷
2019年4月第1版第1次印刷
169mm×239mm·13印张·246千字
标准书号：ISBN 978-7-111-62015-0
定价：49.80元

凡购本书，如有缺页、倒页、脱页，由本社发行部调换
电话服务　　　　　　　网络服务
服务咨询热线：010-88361066　机 工 官 网：www.cmpbook.com
读者购书热线：010-68326394　机 工 官 博：weibo.com/cmp1952
　　　　　　　　　　　　　　金　书　网：www.golden-book.com
封面无防伪标均为盗版　　　教育服务网：www.cmpedu.com